災害に強い地域づくり

地域社会の内発性と計画

福与徳文

日本経済評論社

東日本大震災により亡くなられた方々のご冥福をお祈りするとともに、
被害に遭われたすべての方々に心よりお見舞い申し上げ、本書を捧げます

はしがき

本書は、東日本大震災（二〇一一年三月十一日）の津波被災地において、「減災空間の創出」や「水田農業の復興」をテーマに、被災住民参加型の復興計画づくりを技術的に支援していく中で明らかとなった知見を書き記したものである。

筆者が巨大津波の被災現場をこの目ではじめて見たのは、震災から一ヶ月半が経過した二〇一一年四月下旬である。まだ東北新幹線の運転が再開されておらず、レンタカーで茨城県つくば市から岩手県盛岡市に向かい、そこで一泊した。そして翌朝、まず野田村（岩手県九戸郡）に入り、そこから三陸沿岸を南下して陸前高田市まで二日間かけて三陸沿岸の津波被災地を踏査した。三陸沿岸近傍の宿泊施設の予約が取れなかったため内陸の花巻市で一泊したことや、行き帰りの東北自動車道にも地震の影響であちこちに凹凸があり、運転しづらかったことを覚えている。

津波被災地に初めて入ったとき、瓦礫に埋め尽くされた現場を目の当たりにし、「我々研究者にはいったい何ができるのだろうか」、「復興支援を行うとすれば何から手をつけていけばよいのだろうか」、正直いって何もわからなかった。ただ、農村計画学に四半世紀以上携わってきた人間として、「被災地の復興のために何かをしたい、何かをしなければならない」という思いだけはあった。読者の多くも、それぞれの立場から同じような思いを抱かれていたのではないだろうか。

それから何度か三陸沿岸の被災地に足を運んでいるうちに、ほんの少しではあるが、解答への道筋（復興支援のスタンス）が見えてきたような気がした。それは次の二点である。

①できるところからできる範囲で支援する。

②被災住民に寄り添って復興計画の策定を支援する。

「できるところ」とは、「復興に向けて住民が動き始めた地域から」という意味で、「できる範囲」とは、被災住民自身による復興計画づくりを研究者として可能な範囲で技術的に支援するということである。また、「被災住民に寄り添う」という言葉は、東日本大震災後、いろいろな場面で用いられてきたが、本書で用いる「寄り添い」とは、あくまでも被災住民自身による復興計画づくりにおける「寄り添い」である。それは、生活再建における「寄り添い」のように個々の被災者の事情や気持ちに寄り添っていくということとも異なるし、ましてアンケート結果などの多数意見に従って復興計画を策定していくということでもない。津波などの自然災害に強い地域を創るためには、被災住民相互の話し合いを活性化し、減災や復興に関する情報や認識を被災住民間で共有し、地域の合意形成につなげていくことが重要で、そのための技術的支援を行っていくという意味での「寄り添い」なのである。筆者なりに悩み、考え、たどり着いた答えだったが、結果としてみれば、平常時の地域づくりとなんら変わらないスタンスであった。

筆者は、これまでの間、様々な分野の専門家とともに津波被災地に出かけ、被災住民参加型の復興計画づくりのお手伝いをさせていただいた。岩手県の三陸沿岸地域の被災地では「減災空間の創出」にむけた計画づくりを、宮城県の水田地域では「水田農業の復興」にむけた計画づくりを、被災住民に寄り添って技術的に支援してきた。

そこで本書は、それぞれのテーマに合わせて二部構成をとった。第一部（減災空間編）では、岩手県大船渡市吉浜を舞台にした津波減災空間創出のための計画づくりについて、つづく第二部（水田農業編）では、宮城県七ヶ浜町を主な舞台にした水田農業の復興のための計画づくりについて論じた。どちらのテーマにとっても、「自分たちの地域のことは自分たちで決める」という地域社会の内発性がとても重要で、それを引き出すための「仕掛け」となるのが、被災住民が「参加」し、専門家等の知見を「学習」しながら話し合いを行い、合意形成を図っていくという「計画づくり」なのである。そこで、本書の副題として「地域社会の内発性と計画」を掲げさせていただいた。このいわば「参加学習型復興計画策定プロセス」とでも呼ぶべき計画づくりの中で、とりわけ重要だと考えるのが「学習」の場面である。そして「学習」の場面で鍵を握るのが、参加者の理解を促進するための方法や技術である。本書では、景観シミュレーション、津波浸水シミュレーションや経営シミュレーションなどの結果をビジュアライズ（見える化）して、被災住民に話し合ってもらうワークショップを津波被災地で実施してきた。いま振り返れば、我々の活動などは誠にささやかなものだったように思うが、本書の上梓により災害に強い地域づくりや、災害からの農業の復興という大きな課題の解決に、少しでも貢献することができればと願っている。

なお本編を補うために、本書では二つの補論を配置した。第一部の補論1では、雪害から地域の減災力を論じた。東日本大震災と同じ時期にあたる二〇一〇～一一年の冬季には、大雪という自然災害も日本列島を襲っていた。筆者は、内閣府・国土交通省「大雪に対する防災力向上方策検討会」に参画したが、同検討会報告書にある犠牲者のデータを用いて、除雪作業における死者数を減らすための方策について考察した。また第二部の補論2では、「水田農業の復興」、「水田農業の近未来」を考える上で重要な基盤条件である「水田の汎用化」が、経営の多角化のみならず、法人経営の規模拡大にとっても重要な基盤条件であることを、地下水位制御システムＦＯＥＡＳの導入事例（山口県）を分析することにより明らかにした。

二〇二〇年四月

福与徳文

目次

第一部　減災空間編——百年先も安心して住める地域づくり

越喜来《おきらい》（岩手県大船渡市三陸町）方面から国道四五号線の羅生トンネルを抜けてカーブを曲がると、車窓から吉浜《よしはま》（岩手県大船渡市三陸町）が見えてくる。この吉浜に暮らす人々が、第一部（減災空間編）の主人公である。吉浜は明治三陸津波（一八九六年）によって壊滅的な被害を受けたため、当時の新沼武右衛門《にいぬまぶえもん》村長の先導で低地にあった住宅を高台に移転させた。このため、昭和三陸津波（一九三三年）のときも、東日本大震災（二〇一一年）の津波に際しても、人命や住居の被害が小さかったことで有名な地域である。

『津浪と村』を著した山口弥一郎（地理学者、民俗学者）は、昭和三陸津波の後、三陸沿岸被災地を踏査している途中、吉浜にたどり着いたときの感慨を次のように述べている(1)。

標高二百四十六米の羅生峠を、重いリュックを負いながら越して、やはり標式的津浪常習地の地形を具備している吉浜村本郷に来れば、この旅で永く探していた、移転して完全に災害を免れたと言う明るい話を聞くことが出来た。

山口が吉浜を訪れたとき、国道四五号線も羅生トンネルもまだ無かった。震災後、吉浜では農地の復興工事と同時に三陸縦貫自動車道（高規格幹線道路）の工事も進められており、この地域の交通利便性はさらに良くなる。この三陸縦貫自動車道の工事が吉浜の農地復興にも大いに役立つのだが、それは後で述べることとして、山口が吉浜に到達した時点に話を戻そう。

『津浪と村』の中で山口が「津浪の災害を避ける最も安全な一方法は、津浪の衝撃面である湾頭の低地より、村を側面の高地に移すことである」と述べているように(2)、当時でも、三陸沿岸における津波対策の第一は住居の高台移転であり、それは疑う余地のないことだと考えられていた。それにもかかわらず、人々はなぜ高台に住居を移転させないのか、また一旦高台に住居を移転させても、なぜ元の低地に戻って再び被災してしまうのか、この点に関して山口は強い問題意識を持っていた。そうした山口にとって、明治三陸津波の被災後に住居を高台移転させ、なおかつ元の低地に戻らなかったため昭和三陸津波のときに被害が小さかった吉浜は、調査旅行で「永く探していた」地域だったのである。

『津浪と村』の冒頭「序に代えて」には、山口が同書を書くきっかけとなった次のエピソードが披露されている。(3)

昨秋柳田先生をお訪ねしたら、あの広い、しっとりとした書庫の中で、先生より「君の若さではもう二十年は精進出来る。津浪と村や家の再興の問題は君の領分であるから、手離さずにやって、心安く読めるような本にでもまとめてみよ」と言うような御教示にあずかった。

柳田先生とは柳田國男のことである。また「しっとりとした書庫」とは、現在、長野県飯田市の飯田美術博物館に移築され、「柳田國男館」として保存されている「喜談書屋《きたんしょおく》」のことであろう。筆者はこの部分を最初読んだとき、「この本は柳田國男に促されて書いたものなのだ」という程度の認識で読みとばしていた。ところが、『津浪と村』(復刊版)の編者である石井正己が指摘しているとおり、(4)ここで柳田は地域の減災・防災を考える上で極めて重要なことを示唆していたのである。それは「心安く読めるような本にでもまとめてみよ」の「心安く」という部分である。柳田が山口にこのように述べたのは、津波の減災・防災に関する知識や情報は専門家だけのものにとどめておくのではなく、三陸沿岸に暮らす生活者が理解し、認識を共有してこそ意味があると考えていたからであり、それゆえ津波に関する学術論文（専門家が読者）を精力的に発表してきた山口に、「心安く読めるような本にでもまとめてみよ」と述べたのである。

津波に限らず、地域の減災・防災を考えるにあたって鍵を握るのは、いかに地域に居住する生活者自身が減災・防災に関する知識・情報を「学習」し、「理解」し、それを「共有」し、それに基づいて彼ら自身で災害に強い地域づくりを行うかである。

なお柳田國男自身も一九二〇年に三陸沿岸を旅行しており、そのときの紀行文「豆手帖から」が『雪国の春』に収録されている。そのなかの「二十五箇年後」と題された文章に、明治三陸津波（一八九六年）から四半世紀経った津波被災地（唐桑）の様子が、次のように描かれている。(5)

元の屋敷を見棄てゝ高みへ上つた者は、其故にもうよほど以前から後悔をして居る。之に反して夙に経験を忘れ、又は其よりも食ふが大事だと、ずん〳〵浜辺近く出た者は、漁業にも商売にも大きな便宜を得て居る。或は又他処から遣つて来て、委細構はず勝手な処に住む者も有つて、結局村落の形は元の如く、人の数も海嘯の前よりはずつと多い。一人々々の不幸を度外に置けば、疵は既に全く癒えて居る。〈中略〉明治二十九年の記念塔は之に反して村毎に有るが、恨み綿々など、書いた碑文も漢語で、最早其前に立つ人も無い。村の人は只専念に鰹節を削り又は鯣を干して居る。

東日本大震災後、多くの文献(6)に引用・掲載されている箇所なので、読者も既に目にされていることだろう。

柳田が立ち寄った十数年後に昭和三陸津波（一九三三年）が再びこの地を襲うのであるが、「明治二十九年の記念塔は……恨み綿々など、書いた碑文も漢語で、最早其前に立つ人も無い」、「委細構わず勝手な処に住む者もあって、結局村落の形は元のごとく」と柳田が述べているように、津波減災に関する知識が住民には十分に理解されず、継承されずに忘れ去られてしまい、せっかく高台移転しても低地部に戻ってしまった住民は、昭和三陸津波によって再び大きな被害を受けてしまうのである。山口に「心安く読める本でもまとめてみよ」と言った柳田の示唆の核心部分はこの点にある。

筆者らは東日本大震災後の吉浜に何度も通って、吉浜住民自身による農地復興計画づくりを技術的に支援しながら、そこで暮らす人々の津波減災に関する考え方、農地復興に関する考え方に触れることができた。第一部（減災空間編）では、こうした吉浜の秘密の一端を明らかにしていきたい。

（1）山口弥一郎『津浪と村』（復刊版、初版は恒春閣書房から一九四三年に発刊）、石井正己・川島秀一編、三弥井書店、二〇一一、四九～五一ページ。
（2）同右、二一ページ。
（3）同右、一三ページ。
（4）石井正己「なぜ『津浪と村』を復刊するのか」、同右、一～五ページ。石井は、柳田から山口への言葉を、「一般の人々が心やすく書物に触れ、学問の成果が世の中の役に立たなければ意味がない、と考えていた柳田らしい忠言であった」と述べている。
（5）柳田國男『雪国の春』柳田國男全集3、筑摩書房、一九九七年、六九三～六九五ページ。

（6）　たとえば、石井前掲三ページ、赤坂憲雄『震災考―2011.3〜2014.2―』藤原書店、二〇一四年、二〇〜二一ページ、畑中章宏『柳田国男と今和次郎―災害に向き合う民俗学―』平凡社新書、二〇一一年、五九〜六二ページなど。

第一章　被災住民に寄り添った復興計画策定支援

筆者が二〇一一年当時勤務していた独立行政法人農業・食品産業技術総合研究機構・農村工学研究所（現、国立研究開発法人農業・食品産業技術総合研究機構・農村工学研究部門）は、震災直後に復興支援プロジェクトチーム（以下、農工研・復興支援チーム）を結成し、被災地の復旧・復興に関して様々な技術的支援を行ってきた[(1)]。岩手県大船渡市吉浜における被災住民自身による農地復興計画策定支援も、その一環である。

本章では、筆者らが吉浜においてどのような支援を行ったのかを紹介した上で、それらの効果を検証する。ここで鍵を握るのは、被災住民の「理解」と「共同学習」の促進である。

1　吉浜における農地復興計画策定支援の経緯

(1)　ラッキーそれとも奇跡？

明治三陸津波（一八九六年）の後に高台移転し、東日本大震災（二〇一一年）の津波では人的被害が小さか

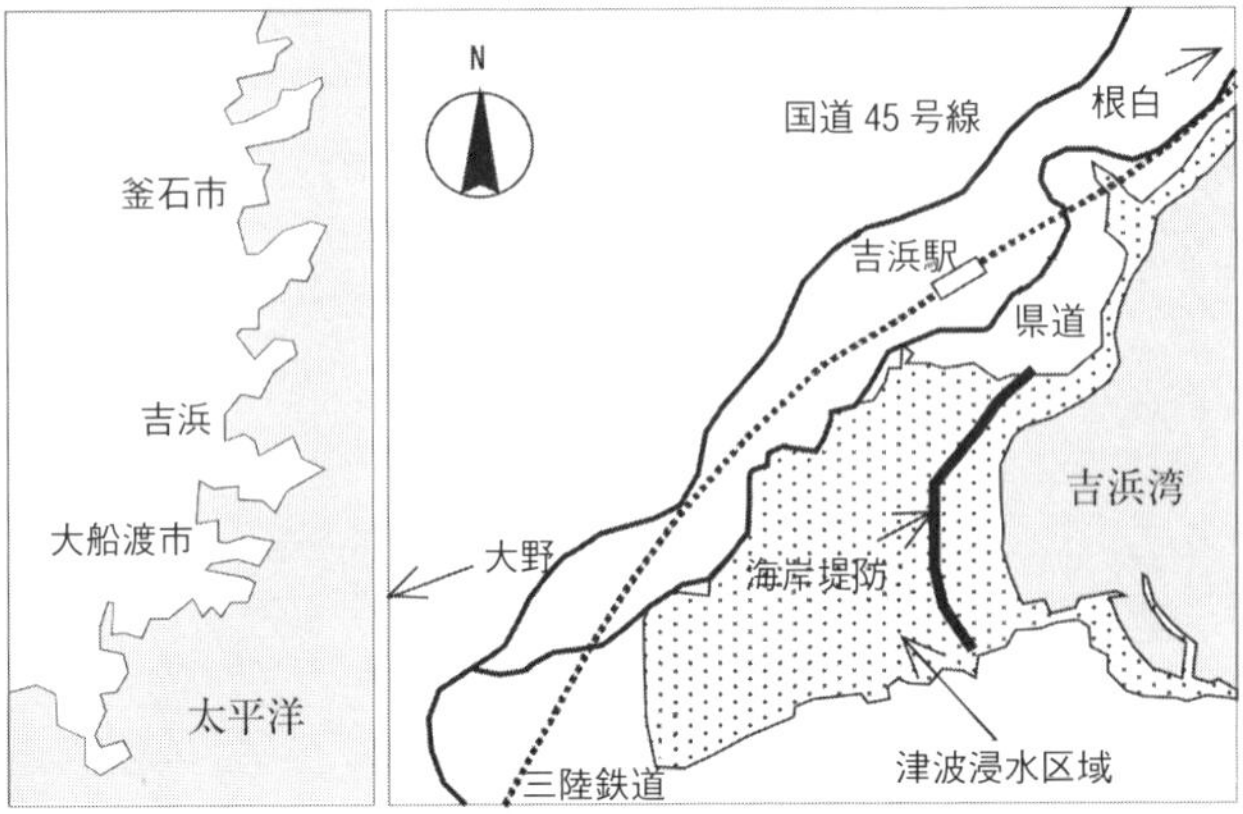

図 1-1　吉浜の位置と概況

った吉浜（図1-1）では、早くから吉浜農地復興委員会（任意組織）を立ち上げ、住民自らが被災農地所有者の「名寄せ」を行い、住民意向の調査を行った上で、「数十年の間には必ず大津波が来ると想定、来襲しても犠牲者はもちろん、ガレキもほとんど出ない故郷づくりを目指す」という理念のもとで復興計画づくりに取り組みはじめていた。

同委員会は、会長（一名）、副会長（二名）、地区幹事（五名）、事務局（一名）、顧問（一七名）から構成されており、この中でいわゆる「役員」は、会長、副会長、地区幹事、事務局の四役で、その中でも会長、副会長（二名）、事務局の四名が中心的な役割を担っていた。一方、「顧問」は地域の有力者から構成されるいわば相談役である。この「顧問」が、後述する合意形成の場面で一定の機能を果たすことが期待されていたのだが、その点については第二章で詳しく述べることとする。

吉浜住民の復興に向けての動きが比較的早かったのは、他の被災地と同じように巨大津波に襲われながら、人命や住居への被害が相対的に小さかったからにほかならない。吉浜農地復興委員会が作成した資料によれば、被災農地面積は約二五ヘクタール（地区の経営耕地面積は四六ヘクタール、二〇〇五年農林業センサス）、流失・全損船舶は二八二隻中二六九隻で、壊滅したワカメやホタテの養殖施設は五〇八台にのぼるなど、生産基盤への被害は甚大であった。その一方で犠牲者は一名（地区の人口一四五七人、二〇一一年二月末）、全壊家屋は四戸（地区の世帯数四二〇戸、二〇〇五年国勢調査）と、人命や住居に関する被害は他地域に比べれば小さかった。そして吉浜で人命と住居に関する被害が小さかったのは、前述したように、明治三陸津波によって壊滅的な被害を受けた後で、低地部にあった住居を道路とともに山麓に移転させ、住居のあった低地部を農地等に転換してきたからである。

田中館秀三・山口弥一郎(2)によれば、吉浜における住居の高台移転の経緯は次のとおりである。

二十九年四七戸流失、二三〇人死亡、全滅家族三十戸に及ぶ大被害があった。当時の村長新沼武左衛門氏（筆者注、正しくは新沼武右衛門氏）等が山麓の高地へ移動する計画を立て、低地にあった道路を先づ山腹へ変更し、それに沿ふて分散移動せしめた。為に八年には標式的V字湾頭にありながら、其の後低地に発展した一〇戸と、二十九年の移動位置の悪かった二戸に被害があったのみである。是等被害者も此の度夫々山麓に分散移動した。役場前の道路は今回更に高地へ変更した為、郵便局を始め民家八戸も道路の北側に移動した。

同論文の「第十二図　吉浜村本郷の集落の移動図」を見ると、明治三陸津波後に四七戸が移転しているが、移転先は（一戸が吉浜本郷を離れ同じ吉浜村にある増館に移転しているほかは）、山麓の四箇所に分かれて移転しており、それぞれの戸数は、八戸が二箇所、一〇戸が一箇所、二〇戸が一箇所である。吉浜では、明治三陸津波（一八九六年）の後で、当時の村長の先導により住居の高台移転を実現し、それでも昭和三陸津波（一九三三年）で一部被災したため、被災部分をさらに山側に移動させ、その後、元の集落があった低地部には戻らなかったため、今回の津波でも大きな被害を免れたのである。

そして重要なのは次の点である。吉浜住民は住居を比較的安全な山麓（標高一五〜二五メートルくらい）に既に移転させている上、今回の津波に際しては、国道四五号線（標高五〇メートルくらい）あたりなど、さらに高い場所まで避難していたと聞く。

①住居を高台に移転する、②地震の揺れを感じたらさらに高所へ避難する、ができれば、海岸堤防を越えた津波によって低地部にある生産基盤（農地や漁港）は大きく破壊されるものの、人命や住居を津波から守ることができる。人命や住居の被害が小さければ、復興への動きは（そうでない場合よりも）早くなる。

USA TODAY（二〇一一年四月一日）は"'Lucky Beach' lives up to its name"（「吉浜はその名に恥じずラッキービーチ」とでも訳せよう）と報じ、読売新聞（二〇一一年十一月十日朝刊）は「吉浜の奇跡」という見出しで吉浜のことを紹介しているが、吉浜の被害が小さかったのは、けっして「奇跡」が起きたからでも「ラッキー」だったからでもない。「住宅は高台にあり、低地部には農地がある」という空間配置（ハード対策）、そして地震が起きたら（住宅地より）さらに高所へ避難するというソフト対策が既にできていたからこそ「奇跡」や「ラッキー」は生まれたのである。

(2) 吉浜支援の経緯

筆者らの復興支援のスタンスは、本書の「はしがき」で述べたように、「住民自らが復興計画を策定しよ

表1-1　吉浜における支援活動（2011年4月～2012年3月）

年月日	活動内容
2011年4月29日	現地調査
5月24日	現地調査
6月21日	現地調査
7月14日	吉浜農地復興委員会事務局との打ち合わせ
8月4日（午後）	吉浜農地復興委員会三役（会長、副会長、事務局）との打ち合わせ
8月4日（夜）	住民説明会における景観シミュレーション提示
8月21日	役員会出席、景観シミュレーション提示
9月8日	事務局との打ち合わせ
10月11日	事務局へ津波浸水シミュレーション結果の資料提出
11月12日	事務局との打ち合わせ、津波浸水シミュレーション結果提示
2012年1月13日	事務局へ景観シミュレーションの追加資料提出
2月7日	事務局へ景観シミュレーシヨンの追加資料提出
2月15日	事務局へ景観シミュレーシヨンの追加資料提出
3月5日	三役（会長、副会長、事務局）との打ち合わせ、中間報告書提出

うとしている地域において、住民に寄り添って復興計画づくりを技術的に支援する」というものである。復興計画の中身を創るのはあくまでも被災住民で、彼ら自身が復興計画（案）を策定して地域の合意形成をはかっていくことを技術的に支援するというものである。

吉浜において、（結果として）筆者らが行った技術的支援は、吉浜農地復興委員会が作成した復興計画（案）の景観シミュレーションと津波浸水シミュレーションを提示することであったのだが、どのような支援技術を投入するのかも住民による復興計画策定の進捗状況に合わせて、つまり住民に寄り添って判断した。

筆者ら（農工研・復興支援チーム）の吉浜における支援活動を時系列的に整理すると表1-1のようになる。当初の三回は、三陸沿岸被災地の現地調査の一環として、いくつかの地区を踏査する中で吉浜にも立ち寄ったという程度で、復興支援にまでは至っていない。被災状況を踏査し、写真撮影等を行っただけである。ただし、このとき撮影した写真を、後日、景観シミュレーションに活用した。

作成：吉浜農地復興委員会事務局

図 1-2　吉浜農地復興計画（第一次案）

そして吉浜の復興計画策定支援を実際に開始したのは、被災後三ヶ月を過ぎた二〇一一年七月に入ってからである。吉浜において住民自らが復興計画を作成しはじめたという情報を岩手県から得て、その復興計画案（第一次案、図1-2）を見せていただいた。このとき筆者らが着目したのは、吉浜農地復興委員会の事務局が復興計画案のイメージ図（図1-3）を作成し、一般住民の理解促進に努めようとしていたことである。これを見て筆者らはフォトモンタージュ（写真の切り貼り、CGなどによる合成写真）による景観シミュレーション技術が吉浜の復興計画づくりに役立つと確信し、吉浜農地復興委員会事務局にその旨を電話で申し出た。

二〇一一年七月十四日の吉浜農地復興委員会事務局との打ち合わせにおいて、吉浜

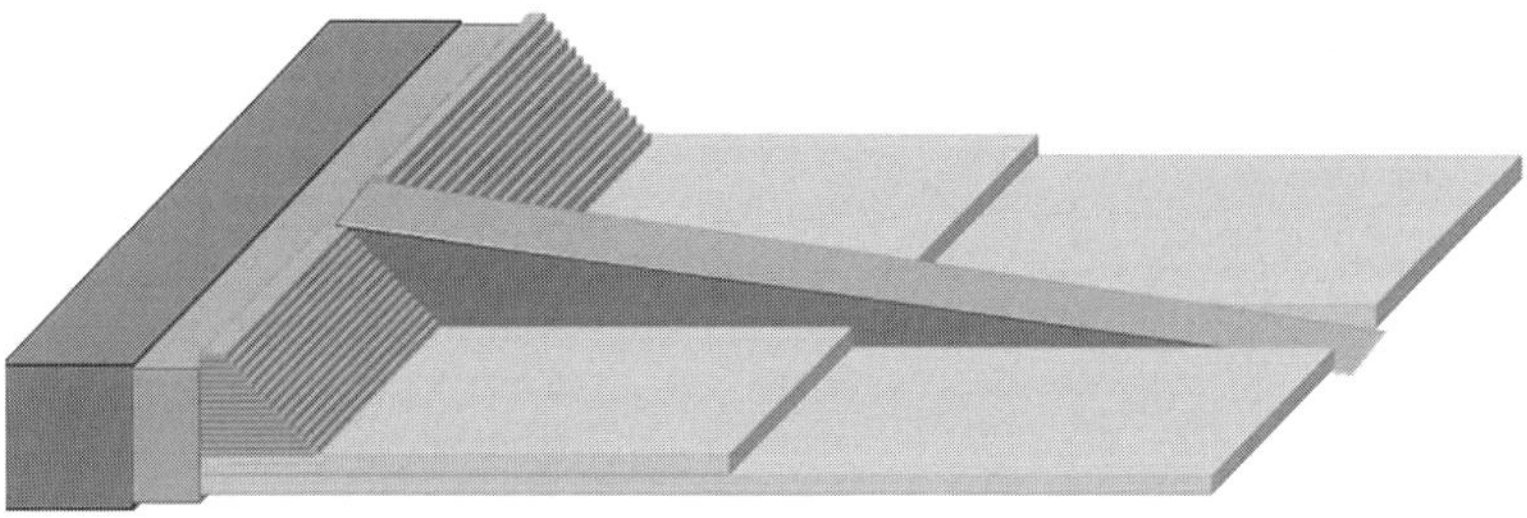

作成：吉浜農地復興委員会事務局

図1-3　吉浜農地復興計画（案）のイメージ図

農地復興計画案の景観シミュレーションを行うことを支援の第一歩として決めた。その後、住民説明会や役員会において景観シミュレーションを映写した際、復興計画案の津波防御機能への疑問が一般住民や役員から提起されたことを受けて、今度は津波浸水シミュレーションを実施することになったのである。

(3)　役割分担

このとき（二〇一一年度）の農工研・復興支援チーム・吉浜班内の役割分担は、次のとおりである。

・景観シミュレーション（山本徳司）
・津波浸水シミュレーション（桐博英）
・コーディネータ（福与徳文）

前二者がスペシャリストとして、筆者がゼネラリストとしての専門家の役割を担っていたといえよう。このうちゼネラリスト（コーディネータ）として筆者に期待されていた役割（実際にできたかどうかは別にして）を挙げると、次のようになる。

①住民の経験知や将来に対する考えを体系化・整理して復興計画（案）にまとめていく。

②減災対策から地域活性化対策にいたるまでの様々な課題に対する相談役になる。
③住民による復興計画策定の進捗状況に合わせて、どのような支援技術を投入すればよいのかを判断する。
④復興計画（案）の策定から事業実施への流れを見守る。
前述したように、どのような支援技術をいつ用いるのか、その技術を持ったスペシャリストをいつ投入するのか、それを含めて吉浜住民に寄り添うことに努めたことを強調しておきたい。

2　吉浜農地復興計画案

(1)　防潮堤を高くせず

吉浜農地復興委員会によって策定された吉浜農地復興計画（案）の骨子は次のとおりである。
①津波減災――防潮堤（第一堤防）は高くせず、巨大津波では越流を覚悟するものの、第二堤防（兼集落道）を高台にある住居群と低地部の農地の間に設置し、住居への津波到達を防ぐ。
②第二堤防兼集落道――第二堤防上に整備する集落道はいざというときに備え、大型トラックが国道四五号線から容易にアクセスでき、集落を通過できる幅員とする。平常時には観光バスが海岸まで行けるようにし、観光、六次産業化による地域活性化をはかる。
③農地整備――低地部の農地は従来より大きな区画に整備することによって営農を容易にし、団地間に段差を設けることによって津波減勢機能を農地に持たせるとともに、農地として有効に利用・管理するこ

とにより、低地部の住宅建設を抑止する。

この骨子は、吉浜農地復興委員会役員から復興計画案(図1-2)についての考えを聞き取り、それに基づいて筆者らが言語化・文章化したものである。したがって骨子の表現上、筆者ら専門家が用いるような用語も入っているが、内容はまさに吉浜農地復興委員会が考えていたものである。

なおこの骨子はメモにして吉浜農地復興委員会事務局に手渡した(二〇一一年九月八日)。また吉浜支援のそれまでの経緯を中間的に取りまとめた『農業および園芸』新年特大号(本書の初出論文の一つ)[3]にもこの骨子を明記し、二〇一二年三月五日の打ち合わせのとき復興委員会三役(会長、副会長、事務局)にその別刷を手渡した。これらは、前述したコーディネータの役割の中では「①住民の経験知や将来に対する考えを体系化・整理して復興計画(案)にまとめていく」活動の一つと位置づけられるだろう。

計画案の内容は、骨子を見ていただけばわかるように、明治三陸津波、昭和三陸津波という二つの大きな津波を経て創り出されてきた吉浜を「津波減災空間」としてさらにヴァージョンアップさせることと、観光と六次産業化による地域活性化を企図したものである。

なお農地復興計画案の骨子の最後のほうにある「低地部の住宅建設を抑止する」という部分については、もう少し補足しておく必要があるだろう。

実は吉浜農地復興委員会役員会(二〇一一年八月二十一日)において、役員相互で次のようなやりとりがあった。役員の一人が「地域の農業の担い手が不足しており、被災した農地も耕作放棄地が目立っていたため、新たに大きな区画で農地整備を行ってもあまり意味がないのでは」という趣旨の発言をした。そのとき、すかさず他の役員が「低地部の農地をきちんと管理せずに遊休地にしてしまうと、また低地部に家を建てて住む者が出て来るからダメだ」と応酬した。

これまで各方面から提案された様々な復興計画案を見ても、海岸に近い低地部を粗放的に利用するという案が多い。巨大津波が襲来すれば、海水を被ってしまう浸水予想区域を高度な土地利用にしないというのは、ごく自然な考え方である。しかし、一定程度人手をかけて管理するような（住民が関わりを持つような）土地利用にしておかないと、低地部への住宅建設を抑止できないということを、この発言は意味する。低地部を農地としてきちんと利用するということは、低地部（危険地帯）の住宅建設抑止にもつながるのである。低地部また高台移転の優良事例である吉浜においてさえも、このような住民相互のコミュニケーションが継続的に行われているからこそ、「低地部には住宅を建てない」という規範が再確認され、再生産されるのである。

(2) 計画案の言語化・文章化の意義

ところで、筆者がコーディネータとして住民の考えを整理して言語化し、計画案の骨子として文章化しておく意義は案外大きかった。その「思いがけない効果」として次の点を指摘しておく。

被災住民が作成した復興計画案を、行政側が受けとめて事業化していくプロセスにおいて、住民が作成した図面上の計画案は大小さまざまな修正・変更が加えられる。そのとき住民による計画案の内容を言語化・文章化しておくことは、被災住民にとって肝心な部分（譲れない部分）を明確化しておく効果があり、住民側が行政側とぶれずに迷うことなく調整・交渉を行っていく上で、羅針盤の機能をはたすのである。

その効果が明瞭に認められたエピソードがあるので紹介しておこう。二〇一二年三月五日のことである。

この頃は、海岸堤防と農地の復興計画に関して行政側（岩手県）と住民側（吉浜農地復興委員会）の折衝が続いていた時期だが、それまでの合意事項に関する「覚え書き」のようなメモが県から吉浜住民に配布されるということで、「覚え書き」案の内容を検討していた。役員の何人からは、「我々の考えとは違う」、「第二堤防のことに触れられていない」などと、その「覚え書き」に対する違和感が表明されていた。そのとき筆者らの方から、それまでの経緯をまとめた『農業および園芸』新年特集号の別刷を渡したところ、吉浜農地復興計画案の骨子の部分を見て、「や、これこそ我々が考えていたものだ」ということになり、県が作成した「覚え書き」を住民へ配布することを取りやめてもらった上、翌日、改めて県と話し合いを行うという出来事があった。

骨子の中でも、「防潮堤（第一堤防）は高くせず、巨大津波では越流を覚悟するものの、第二堤防（兼集落道）を高台にある住居群と低地部の農地の間に設置し、住居への津波到達を防ぐ」という部分はスローガン化され、その後一部住民の中から異論が出てきて、二〇一二年七月に関係者による投票で決着をつけるに至るまで（このことについては第二章で詳述する）、事あるごとに再確認されていた。くどいようだが、骨子の内容自体は吉浜農地復興委員会が考えていたもので、我々はただそれを言語化・文章化して手渡しただけである。

少し先走りしすぎたようである。二〇一一年八月四日時点に話を戻そう。この日は、吉浜農地復興委員会案がはじめて一般住民に示された日である。そのとき筆者らは、吉浜農地復興委員会案の景観シミュレーションを映写したのである。

3　復興計画案の景観シミュレーション

吉浜支援で用いた景観シミュレーションの方法は、次の二つである。(4)

①二次元デジタル画像処理――二次元デジタル画像を、画像処理機能を用いて修正し、二つ以上の画像を合成して一つの画像にする方法。

②三次元CG――二次元データ（図面等）をもとに、コンピュータ上で三次元デジタルデータに変換・入力を行うことによって、コンピュータの中に三次元の空間を仮想設計するコンピュータグラフィックスの方法。

二次元デジタル画像処理は、誰でも容易にイメージ図を作成できるメリットがあり、三次元CGは少々手間がかかる一方、地理情報に基づいた正確なシミュレーションが可能となる。二次元デジタル画像処理については、農研機構が開発した「ランドスケープイメージャー」を用い、三次元CGについては、農研機構と㈱イマジックデザインが共同開発した三次元GISエンジンVIMSとMaxson社のCINEMA4Dを併用した。

吉浜農地復興計画案の景観シミュレーションを全部で二七事例作成した。その内訳は、二次元デジタル画像処理一〇事例、三次元CG一六事例、三次元CGを活用した動画一事例である。それらを、住民説明会（二〇一一年八月四日）や役員会（二〇一一年八月二十一日）において参加者に直接提示した。また県から海岸堤防の高さや、防潮林の配置などに関して復旧・復興の方針が示されはじめた段階では、それらに関しての景観シミュレーションを追加資料として吉浜農地復興委員会に提供した。

(1) 吉浜農地復興委員会案の景観シミュレーション

それでは、住民説明会(二〇一一年八月四日)や役員会(二〇一一年八月二十一日)において映写した景観シミュレーション事例の中から代表的なものを選んで、どのようなシミュレーションを提示し、それに対して住民がどのような反応を示したのかを紹介しよう。

①第二堤防(兼集落道)

まずは第二堤防(兼集落道)に関わる景観シミュレーションである。「防潮堤(第一堤防)を高くしないかわりに、高台の住宅群と低地部の農地の間に第二堤防(兼集落道)を整備する」という部分は吉浜農地復興計画案の根幹にあたり、第二堤防(兼集落道)を整備すると地域がどのようになるのかが、シミュレーションを作成する上でも最重要テーマであった。

図1-4は、二〇一一年八月四日の住民説明会(写真1-1)で映写した第二堤防(兼集落道)に関するシミュレーションである。漁協の建物周辺における第二堤防と農地整備のイメージをシミュレートしたものである。図1-4上の現況図の漁協の一階部分まで津波は押し寄せており、漁協に隣接していた家屋は津波にのみこまれた。そして県道(現況図の左端のガードレール)のあたりまで水位は上昇し、県道は津波でヒタヒタの状態であったと聞く。それに対して、漁協建物の二階までの高さがある第二堤防(兼集落道)を、住宅がある高台の前面に整備した場合のシミュレーションが図1-4下の図である。これは二次元デジタル画

像処理を用いたシミュレーション（写真の切り貼り）で、第二堤防の部分は、隅田川（東京）のスーパー堤防（汐入公園）の遊歩道から取材したパーツを貼り付けている。

なお第二堤防として貼り付けたパーツがスーパー堤防の遊歩道の一部であったため、吉浜農地復興委員会案の「第二堤防上に整備する集落道はいざというときに備え、大型トラックが国道四五号線から容易にアク

漁協（白い建物）の１階部分まで津波は押し寄せた。

第二堤防（兼集落道）を整備。

図 1-4　景観シミュレーション事例 1

セスでき、集落を通過できる幅員とする」という内容とは、少々異なるシミュレーションになっている。読者からは「被災住民の要望に応えたシミュレーションになっていないのではないか」と批判されそうだが、筆者らは「これはこれで良い」と考えていた。というのは、この景観シミュレーションは、マンションを販売するときのように完成予想図を提示して消費者の購入を促すという目的で使用するものではなく、これから大いに議論してもらうための材料として提供したものだからである。議論の材料であれば、完成度の高いシミュレーションよりも、むしろいろいろと検討する余地のある（ツッコミどころの多い）シミュレーションの方が良いと考えたのである。

説明しているのは山本徳司氏（2011 年 8 月 4 日、吉浜地区拠点センター）

写真 1-1　住民説明会における景観シミュレーションの映写

　さてこのシミュレーションを映写したところ、会場の吉浜住民からは、「第二堤防の高さがちょうど津波に浸かった程度の高さなので、もう少し高くしないと住宅への浸水を許してしまうのではないか」、「第二堤防背後の住宅は津波から守られるかもしれないが、第二堤防を整備することによって、津波が到達しなかったエリアの方に津波が遡上してしまうのではないか」といった疑問や、「海岸まで観光バスが行けるようになるのなら、また民宿を再開してもよい」といった感想が出された。これらの疑問や感想が会場で出されたということは、景観シミュレーションが、役員が作成した復興計画案に対する吉浜住民の理解を促進し、計画案が抱える課題を浮き彫りにし、参加者間でそれを共有することに一役買ったと考えてよいだろう。もちろん依頼元の吉浜農地復興委員会の役員からは「第二堤防はやはり遊歩道程度ではなく、それなりの幅員があり、舗装された道で」という要望をいただいたので、次の機会のシミュレーションにはそれを反映させることとした。

そして、その次の機会に提示した第二堤防に関するシミュレーションが図1-5である。図1-4とは異なる地点から見た第二堤防と農地整備のシミュレーションである。これは二〇一一年八月二十一日の役員会のとき映写したもので、三次元CGによって作成されている。図1-5上の現況図の右手に見える住宅の石垣まで津波は押し寄せたといわれている。シミュレーションの第二堤防の法面が全て階段状になっているのは(図1-5下)、今回の津波において吉浜でも一名が亡くなっており、亡くなった方は、津波が襲来したとき高台への崖を登り切れずに津波にのみ込まれたと推察されることから、低地部の農地のどこからでも高台に避難できるようにしたいという吉浜農地復興委員会事務局案に基づいている。また第二堤防上の道路の幅員も、いざというときには大型トラックが、平常時は観光バスが通行できる幅員としている。図1-4では第二堤防上の道路は遊歩道程度であったが、吉浜農地復興委員会案に基づいてシミュレートされている。

このシミュレーションを役員会で映写したとき、役員の中から「第二堤防の高さが、津波が到達した石垣の高さなので、もう少し高くした方がよいのではないか」とか「第二堤防の整備が、津波が到達しなかったエリアに影響を与えてしまうのではないか」といった、住民説明会(八月四日)のときと同じような意見が出された。

②お祭りの場

そして次に紹介するのは、吉浜にとって重要なお祭りの場に関わるシミュレーションである（図1-6）。これは吉浜農地復興委員会からのリクエストに応じて作成したものである。二次元デジタル画像処理（写真の切り貼り）により作成し、二〇一一年八月四日に実施した最初の住民説明会において映写した。

現況

右奥にある住宅の石垣の高さまで津波は押し寄せてきた。

シミュレーション

低地部のどこからでも避難できるように第二堤防を階段状にする。

図1-5 景観シミュレーション事例２

地震によって鳥居が崩壊

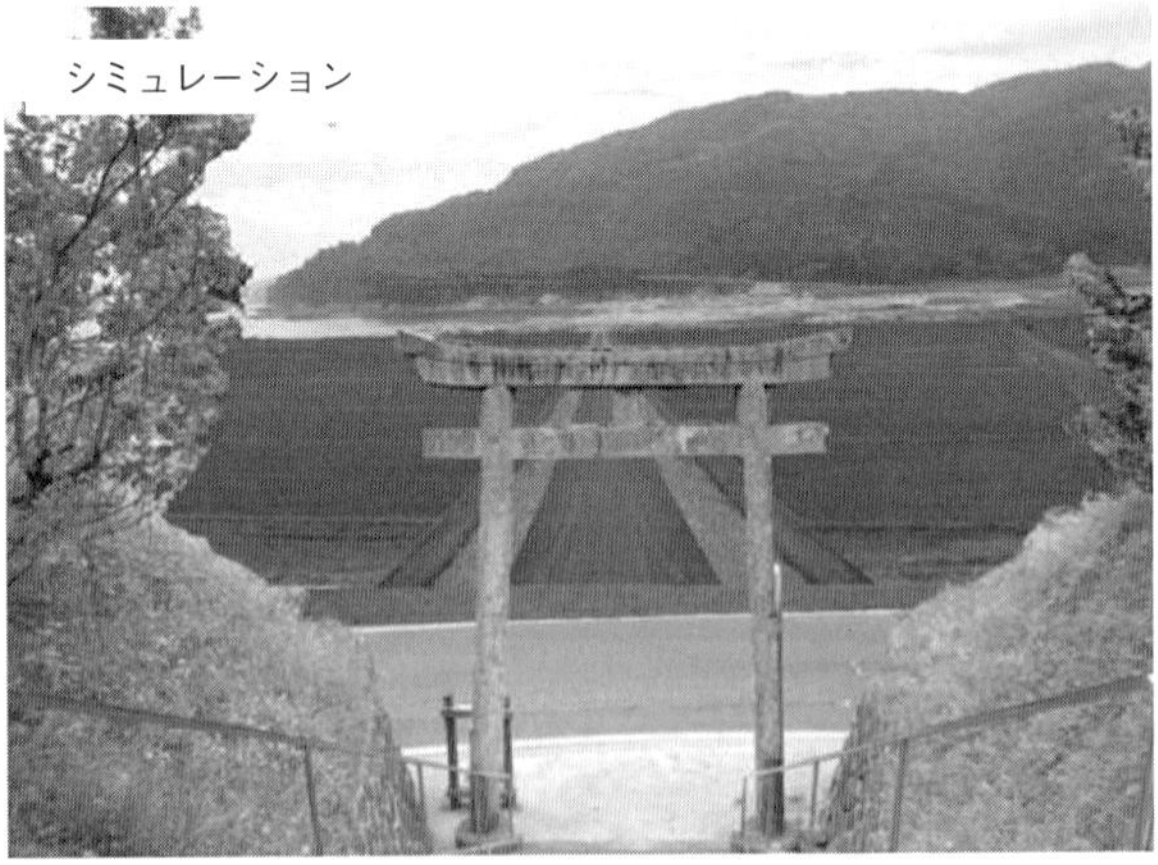

神輿がまっすぐ海に

図1-6　景観シミュレーション事例3

現況図（図1-6上）は、吉浜にある新山神社の石段の上から撮影した写真である。地震によって鳥居が倒壊しているが、新山神社では四年に一度の式年大祭において神輿が漁船に乗せられて海上渡御する。震災当時、新山神社の石段の前は、木々に塞がれて見通しがきかない状況になっていた。昭和三陸津波（一九三三年）に襲われる前は、木々に覆われている斜面の下に鳥居があり（いまでもその跡は残っている）、神社への参道もあったという。作成したシミュレーション（図1-6下）は、「神社の前面を覆っている木々を切り払って海が見えるようにし、農地の区画整理の際に整備される農道を、神社から真っ直ぐに浜に降りられる道として整備することによって、式年大祭のときには神輿が真っ直ぐ浜に下りられるようにする」という吉浜農地復興委員会事務局案に基づいて作成したものである。(5)

このシミュレーションを映写したときの住民の反応は、「これを見たら元気が出てきた」、「お祭り広場も整備したらよい」、「農地が大きな区画に整備されるのを見て、もう一度農業をやってみようという気になった」というものである。映写していた我々にとって意外だったことは、このシミュレーションを映写したときに会場が活気づいたように感じられたことである。お祭り関係のこのシミュレーションの作成を吉浜農地復興委員会事務局から依頼されたときには、津波減災空間の創出とは直接関係のないシミュレーションの重要性を筆者らはよく理解できなかったが、会場の盛り上がり方を見て納得した。被災した地域住民にとって、お祭り及びそれに関わる空間がいかに大事かということと、景観シミュレーションには、復興計画案の理解促進効果とともに、被災住民に復興に向けて元気を取り戻してもらうという「思いがけない効果」があることが得心できたのである。

(2) 行政から提示された方針に関する景観シミュレーション

それでは次に、二〇一一年秋以降、行政側（県）から吉浜の復旧・復興に関する方針が出されたとき、吉浜農地復興委員会事務局からの要請を受けて作成したシミュレーション事例を二つ紹介しておこう。一つは海岸堤防の高さに関して、一つは防潮林の位置についてである。

①海岸堤防の高さ

二〇一一年十月、岩手県から海岸堤防の高さを一四・三メートルにする案が提示された。被災前の海岸堤防の高さは七・一五メートルで、県から提示された案はその二倍の高さである。吉浜農地復興委員会案は、これまでも述べてきたとおり「防潮堤（第一堤防）を高くしないかわりに、高台の住宅群と低地部の農地の間に第二堤防（兼集落道）を整備する」というもので、海岸堤防（第一堤防）を高くしないことが吉浜農地復興計画案の第一に重要な点、いわゆる「一丁目一番地」なのである。

そもそも吉浜農地復興委員会が海岸堤防の高さについて「防潮堤（第一堤防）を高くしない」としていた基本的な考え方は、次のとおりである。

①海岸堤防だけでは津波を防げない。巨大津波のときは津波が海岸堤防を越流することを前提とする。

②地域住民の命は、住居の高台移転と、それよりも高い位置への避難によって守る。

③避難するときには海が見えることが重要である。

したがって住居のある位置から海岸堤防の高さによって海の見え方がどのように異なるのかが、海岸堤防の高さを検討する上で鍵を握ることとなる。

図1-7は計画案にある第二堤防（兼集落道、ほぼ住居の高さ）から見た海岸堤防（第一堤防）と海である。海岸堤防を吉浜農地復興計画案どおりの七・一五メートルにした場合（図1-7上）と、県から提示された一四・三メートルの堤防にした場合（図1-7下）を比較したシミュレーションである。三次元CGにより作成したため、堤防の高さを変えて比較することが可能となる。これによれば、七・一五メートルの堤防を整備した場合（図1-7上）は海が見えるが、一四・三メートルの堤防を整備した場合（図1-7下）、海がほ

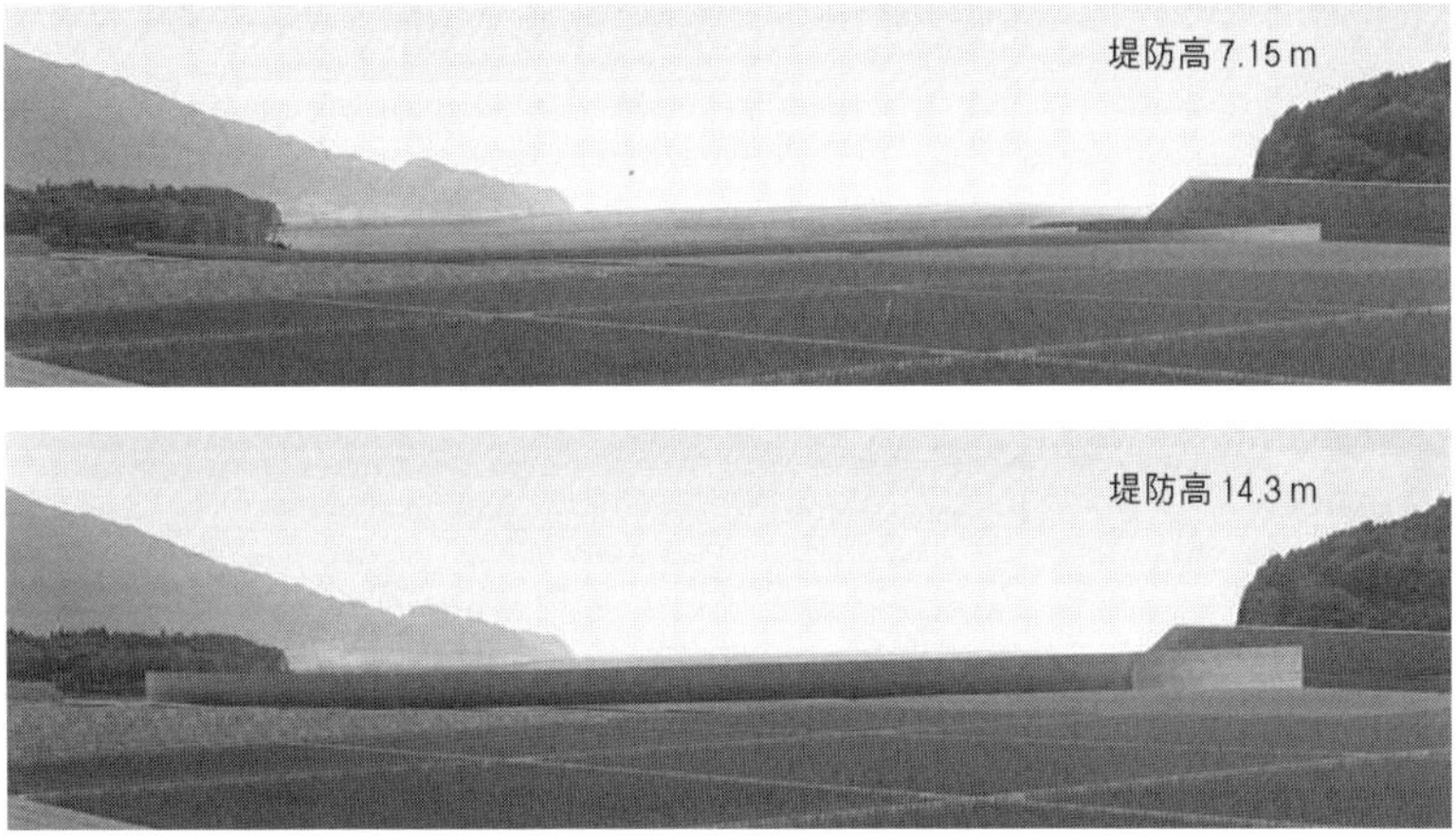

図 1-7　景観シミュレーション事例 4

とんど見えないことがわかる。

吉浜では、この後、海岸堤防の高さをめぐって地域内で意見が割れ、最終的には二〇一二年七月に関係者による投票まで行って住民自身で決着をつけたわけだが、その経緯と結末については第二章にゆずることとする。

②防潮林の配置

次は、二〇一二年になってから行政側（県の防潮林担当部署）から提示された防潮林の配置についてのシミュレーション事例である。県からは防潮林を堤防の背後に配置する「海岸-堤防-防潮林-農地」という案が示されたが、吉浜農地復興委員会は（どちらかといえば）防潮林を堤防の前に配置する「海岸-防潮林-堤防-農地」を望んでいた。それは次の理由による。

①吉浜では海水浴場の再生による地域活性化を考えており、「海水浴場-防潮林（木陰）」の方が「海水浴場-堤防（コンクリート）」よりも海水浴客にとって望ましい環境になる。

砂浜に続いて防潮林があり、その後ろに防潮堤がある。防潮堤は海からはほとんど見えない。

砂浜に続いて防潮提があり、その後ろに防潮林が見える。なお本書では、砂浜と区別しやすくするため、防波堤に線を描き強調している（図 1-9 も同じ）。

図 1-8　景観シミュレーション事例５

②「海岸-堤防-防潮林-農地」とした場合、防潮林と農地が隣接することによって防潮林がシカの通り道となって獣害の増加が懸念される上、防潮林と農地の境界周辺の管理が曖昧になる。

③堤防より内側（陸側）に防潮林があると、もし津波が堤防を越え、さらに防潮林も流失した場合、堤防が破堤しないときは防潮林の残骸が（堤防にひっかかって）ガレキとして地域に多く堆積して残ること

が懸念される。

東日本大震災前の吉浜では、松林は海岸堤防（七・一五メートル）よりも外側（海側）にあった。そのためもあってか、津波に飲み込まれた松林はガレキも残さずに海に流失している。しかも、その松林も津波対策というよりは、どちらかというと「やませ」対策であったという。

図 1-9　景観シミュレーション事例 6

筆者らは、「海岸-防潮林-堤防-農地」と「海岸-堤防-防潮林-農地」の二つのパターンを、山側から見た場合と、海側から見た場合の二つの視点から四事例のシミュレーションを作成し、吉浜農地復興委員会事務局に資料として提出した。図1-8はそのうち海側から見た場合の二つのシミュレーション事例である。なお、海岸堤防の高さは、吉浜農地復興委員会案の七・一五メートルにしている。さらに図1-9は、海岸堤防を一四・三メートルにし、その内側に防潮林を配置した案（県が提示したもの）のシミュレーション事例である。海水浴場を再生して地域活性化をはかろうとした場合、吉浜農地復興委員会が考えるように、堤防は七・一五メートルのままで、防潮林を海側に配置した計画の方が良いように思えるが、いかがであろうか。

なお防潮林の配置については、行政側（防潮林担当）に押し切られたかたちで、吉浜農地復興委員会の意向とは異なる「海岸‐堤防‐防潮林‐農地」という配置で決着がついた。ただし防潮林の配置に関しては、海岸堤防の高さや第二堤防の整備に比べれば、吉浜農地復興委員会にとって「どうしても譲れない点」ではなかったと記憶している。

4 津波浸水シミュレーション

復興計画案の景観シミュレーションを住民説明会や役員会で提示したとき、参加者からは、①第二堤防の整備によって住宅への浸水を本当に防ぐことができるのか、②第二堤防の整備によって今回津波が到達しなかったエリアへ津波が遡上してしまうのではないか、という疑問点が出された。一方、県からは一四・三メートルの海岸堤防にする案が提示されたが、その場合、巨大津波を海岸堤防で防げるのかどうかが問題となっていた。

こうした疑問に答えるためには、今度は、筆者らが吉浜農地復興計画案や県が提示した案の津波浸水シミュレーションを行い、吉浜農地復興委員会に提示する必要があった。なお津波浸水シミュレーションの方法としては「沿岸農地の氾濫シミュレーションモデル」を用いた。シミュレーションの方法の特長・詳細は桐らを参照いただくとして[6]、ここでは津波浸水シミュレーション結果の概要だけを述べておく。

津波浸水シミュレーションは、東日本大震災の津波と同程度の津波が襲来することを前提とし、①海岸堤防を被災前の二倍の高さ（一四・三メートル）にする場合（岩手県が検討を進めていた堤防の高さ）、②海岸堤防は被災前と同じ高さ（七・一五メートル）のままで住居と農地の間に標高二〇メートルの第二堤防を整備する場合を比較した。

シミュレーションの結果、①防潮堤を二倍の高さ（一四・三メートル）にしても津波は海岸堤防を越流し、後背地は広く浸水すること、②海岸堤防の高さは被災前の高さ（七・一五メートル）のままで、第二堤防（標高二〇メートル）を整備した場合、第二堤防で津波遡上はほぼ防止できることが明らかになった。そのほか、農地の区画、公園、河川の配置によって浸水範囲、浸水深が異なってくることも判明した。

津波浸水シミュレーションによって、吉浜農地復興計画案の津波減災効果に科学的根拠が与えられた上、新たな技術的課題も明確になった。

5　技術的支援のねらいと効果

ここで吉浜において筆者らが行った技術的支援のねらいと、話し合いの場などで観察された効果について振り返っておこう。

「景観シミュレーションを話し合いの場で映写すること」のねらいは、一言でいえば吉浜農地復興計画案に対する被災住民の「理解の促進」である。復興計画案に関する具体的なイメージを、被災後の吉浜の景観に重ね合わせ、それを住民に提示することによって、吉浜農地復興委員会事務局が作成した復興計画案に対する一般住民の理解を促し、話し合いを活発にし、しかる後に地域の合意形成につなげることである。住民説明会や役員会における住民の反応を見る限り、役員が作成した復興計画案に対する吉浜住民の理解を促進し、計画案が抱える問題点を浮き彫りにし、参加者間でそれを共有する効果があったとみてよいだろう。これらが景観シミュレーションの「ねらいどおりの効果」だったということになる。さらに景観シミュレーションには、「復興後の地域の姿を住民に見てもらうことによって復興にむけての意欲や元気を取り戻してもらう」という被災住民の心理面への「思いがけない効果」、社会学的にいうと潜在的機能が認められた。

潜在的機能とは、アメリカの社会学者ロバート・K・マートンが機能分析の精緻化のために提起した概念である。(7) マートンのいう潜在的機能とは「意図せざる、当事者は認識していないが観察者によりはじめて認識される機能」という意味で、「意図した、当事者が認識している機能」である顕在的機能と対比される。「合意形成のための理解促進機能」は景観シミュレーションの顕在的機能といえるし、「被災住民を元気づける機能」は潜在的機能といえる。ところでここで注意しなければならないのは、マートンが潜在的機能という概念に「当事者は認識していないが観察者によりはじめて認識される機能」という意味を持たせている点についてである。復興計画づくりの現場において、一般的には「当事者＝地域住民」、「観察者＝専門家」と認識されがちである。しかし吉浜の場合、筆者ら専門家は景観シミュレーションの「被災住民を元気づける機能」に当初気づいていなかったのに対して、被災住民（吉浜農地復興委員会）の方では、減災・防災とは直接関係のない「お祭りの場」の景観シミュレーションを筆者らにリクエストした時点で、景観シミュレーションの「被災住民を元気づける機能」（少なくとも「会場を盛り上げる機能」）に気づいていた可能性が高いのである。この場合、筆者ら専門家（＝観察者）の方が、景観シミュレーションの目的（顕在的機能）である「合意形成のための理解促進機能」に気をとられてしまい、「被災住民を元気づける」という潜在的機能が見えにくくなっていたといえよう。

一方、津波浸水シミュレーションのねらいは、県（行政）が提示した「堤防を二倍の高さにする」という計画案と比較しながら、住民が作成した計画案に科学的根拠を与えることである。吉浜農地復興計画案は、「海に面した海岸堤防を高くせず、巨大津波が襲来したときには海岸堤防の越流を許容するものの、高台にある住居群と低地部にある農地の間に第二堤防（兼集落道）を整備することによって津波減災空間を創出しよう」という点を計画案の目玉にしている。こうした案については、一部住民にとっては津波減災効果がどれくらいあるのか不安なところでもあるし、第二堤防を設置したばかりに今回津波が到達しなかったエリアに津波が到達してしまうかもしれないという懸念が出てきていたりした。また県（行政）が提示したとおり堤防の高さを二倍にした場合、どれくらい巨大津波を防げるのかを確かめておく必要があった。これらの課題に対して津波浸水シミュレーションは、一部住民の懸念を科学的知見によって払拭するとともに、農地の区画整理のあり方や、河川の配置によっても津波の到達範囲が異なるという新たな課題を明確にすることができたのである。

6　百年先も安心して住める地域づくり

二〇一一年十月十三日の岩手日報は、「高さ二倍より第二堤防を　大船渡住民、県整備案に注文」という見出しで、十月十一日夜に行われた吉浜住民と岩手県とのやり取りを報じている。その中で吉浜農地復興委員会の柏崎剛会長が「堤防が高すぎると安心して逃げなくなる人も出て来るだろう。集落を確実に守るため、（従前の高さの海岸堤防と第二堤防の）同時整備が必要」と述べている。

また岩手日報の震災特集記事「舫い　浜に生きる」の二〇一一年十一月十日の紙面にも、吉浜農地復興委員会が「津波に対する危機意識を忘れないため、震災前と同程度（七・一五メートル）の防潮堤整備」、「堤防を兼ねた道路の整備」という復興構想をまとめて行政側に要望していると紹介した上で、柏崎会長の「地元の人間が声を上げなければ何も変わらない。百年先も安心して住める地域づくりが重要だ」という言葉を掲載している。この「百年先も安心して住める地域づくり」は本書第一部（減災空間編）の標題だが、実はこの柏崎会長の言葉から拝借したものである。

二〇一一年秋の岩手日報のこれらの記事は、岩手県から海岸堤防を従来（七・一五メートル）の二倍の高さ（一四・三メートル）にするという案が提示されたことに対して、吉浜住民は（これまで述べてきたように）「防潮堤（第一堤防）を高くせずに巨大津波では越流を覚悟するものの、第二堤防を高台の住居群と低地部の農地の間に設置して住居への津波浸水を防ぐ」という住民独自の復興計画案を策定し、それを県に示して、県の計画案と対峙していることを報じたものである。

海岸堤防（防潮堤、第一堤防）の高さをめぐって住民案と行政案がぶつかったわけだが、そもそも明治三陸津波（一八九六年）後に高台移転し、その後は決して低地には戻らず、東日本大震災においても人命や住居の被害が小さかった吉浜で、なぜ海岸堤防を二倍の高さにする計画案が県から提示されたのであろうか。そして吉浜の海岸堤防の高さをはじめとした復興計画は、その後どのような経過をたどって決着がついたのであろうか。次章で詳しく述べよう。

（1） 農研機構農村工学研究所（現、農研機構農村工学研究部門）の東日本大震災の被災地における調査活動や復旧・復興支援活動については、以下の二つの報告書を参照されたい。『農村工学研究所技報』二一三号（特集号＝平成二十三年（二〇一一年）東北地方太平洋沖地震）、二〇一二年、一〜三〇四ページ、『別冊農村工学研究所技報』（技術資料）「研究者からみた東日本大震災と復旧・復興―農地・農業用施設等の被害調査と地域支援―」二〇一五年、一〜一二四ページ。前者は論文集で、後者は写真集である。

（2）田中館秀三・山口弥一郎「三陸地方における津浪による集落の移動㈢」『地理と経済』一巻五号、一九三六年、八四〜九二ページ。

（3）福与徳文・山本徳司「減災農地と地域復興計画支援―岩手県大船渡市吉浜地区における復興支援事例から―」『農業および園芸』八七巻一号、養賢堂、二〇一二年、二〇一〜二〇九ページ。

（4）景観シミュレーションの方法について詳しくは、山本徳司・福与徳文「平成二十三年（二〇一一年）東北地方太平洋沖地震による地域復興計画支援における景観シミュレーションの活用と役割」『農村工学研究所技報』二一三号、二〇一二年、二九〜三八ページを参照されたい。

（5）地井昭夫は「漁村集落計画―漁村空間の特質と計画課題―」『新建築学体系18　集落計画』（一九八六年、一九一〜二七一ページ）において、漁村空間を来訪神への祭祀形態という特質をもつ「来訪神型空間」と呼んでいる。具体例として挙げている山口県の漁村でも、漁港と神社をつなぐ広い道（馬場）があり、祭りのときは神輿がその道から海に飛び込んだという。地井のこの指摘からも、吉浜農地復興委員会が神社と海をまっすぐ結ぶような道路計画案を作成し、その景観シミュレーションの作成を我々にリクエストし、それを映写したところ会場が大いに盛り上がったとしても、なんら不思議ではなかったことがわかる。なお地井の漁村計画に関する業績は、震災後、地井昭夫『漁師はなぜ、海を向いて住むのか？―漁村・集住・海廊―』工作舎、二〇一二年にまとめられ出版されている。

（6）桐博英・丹治肇・福与徳文・毛利栄征・山本徳司「平成二十三年（二〇一一年）東北地方太平洋沖地震を対象とした減災農地の津波減勢効果の検証」『農村工学研究所技報』二一三号、二〇一二年、二七九〜二八六ページ。

（7）ロバート・K・マートン「顕在的機能と潜在的機能」森東吾・森好夫・金沢実・中島竜太郎訳『社会理論と社会構造』みすず書房、一九六一年、一六〜七七ページ。なおマートン社会学の解説としては、佐藤俊樹『社会学の方法―その歴史と構造―』ミネルヴァ書房、二〇一一年、二二三〜二六六ページがわかりやすい。

第二章　海岸堤防の高さに関する合意形成の新たなかたち

1　海岸堤防の高さを決めるのは誰か？

(1)　海岸保全基本計画が定めた堤防の高さ

海岸法（一九九九年改正）に基づいて、二〇〇四年三月に三陸沿岸を対象に海岸保全のための基本計画が策定された。東日本大震災の七年前のことである。三陸沿岸を南北に分割し、青森県境から岩手県宮古市魹ヶ崎《とどがさき》までの北沿岸に対しては「三陸北沿岸海岸保全基本計画」が、魹ヶ崎から宮城県石巻市黒崎までの南沿岸に対しては「三陸南沿岸海岸保全基本計画」が策定され、津波や高潮等への防護水準として海岸堤防の高さが定められた。南北の基本計画が定める海岸堤防の高さは、いわば行政側が津波浸水シミュレーションや専門家の意見に基づいて定めた高さである。このとき「三陸南沿岸海岸保全基本計画」で定められた吉浜湾の海岸堤防の高さが、一四・三メートルなのである。

東日本大震災後、中央防災会議「東北地方太平洋沖地震を教訓とした地震・津波対策に関する専門調査会」は、今後想定される津波のレベルを「発生頻度の高い津波」と「最大クラスの津波」に分け、前者に対しては海岸保全施設等によって津波の内陸への侵入を防ぐこととし、後者に対しては住民避難を柱とした総合的防災対策を講ずることとしている。これに基づいて、東日本大震災から復旧・復興する海岸堤防の高さは「発生頻度の高い津波」を防護する高さを基準にして設計することとなったのである。

岩手県は「発生頻度の高い津波」に対する防護水準とするために、「岩手県津波防災技術専門委員会」の検討を経て、南北の基本計画を改定した。吉浜の場合、「発生頻度の高い津波」に対する防護水準として、改めて吉浜湾の海岸堤防の高さとして一四・三メートルが定められ、それに基づいて吉浜で復興する海岸堤防の高さとして県から一四・三メートル案が提示されたのである。

(2) 振り出しに戻る復興への道のり

吉浜農地復興委員会は、県が提示した海岸堤防の高さ（一四・三メートル）に対して、海岸堤防は被災前の堤防の高さ（七・一五メートル）のままで、そのかわりに第二堤防を整備することを要望し続けた。吉浜農地復興委員会の強い意思は地元新聞でも取り上げられ、そのことは前章の終わりで述べたとおりである。

ここで一四・三メートル、七・一五メートルの海岸堤防の高さが、吉浜にとってどういう意味を持つかについて整理しておくと、次のとおりになる。

一四・三メートル――①二〇〇四年三月に定められた海岸保全基本計画の堤防の高さ、②東日本大震災後に改定された海岸保全基本計画における防護水準、③岩手県が住民に提示した復興計画案の堤防の高さ。

七・一五メートル――①東日本大震災当時の実際の堤防の高さ、②越流した津波によって破堤した高さ、③吉浜農地復興委員会案の堤防の高さ。

吉浜の場合、住民の意思は一枚岩で、その意思が行政側にどこまで通じるのかという点に焦点が集まっているかのように見えた。ところが、である。吉浜住民の中から「行政が堤防を高くするると言っているのであれば、高くした方がよい」という意見が出てきて、それが無視できない勢力になった。

海岸堤防の高さは、津波被災地域の復興計画を策定していく上で大前提となる事柄であり、その大前提が揺らぎはじめたのである。吉浜では人命や住宅への被害が比較的小さかったため、他の被災地よりも早くから復興への取り組みが開始されたのだが、着実に歩みを進めてきた吉浜の復興への道のりも、いったん振り出しに戻った形になった。

その後、吉浜では「防潮堤説明会（二〇一二年六月二十八日、以下、説明会）」、「世話人会（七月三日）」、「吉浜海岸防潮堤の高さについての意見交換会（七月十三日、以下、意見交換会）」と何度も集会を開催して討議を重ね、最終的には関係者による投票（七月二十七日）で海岸堤防の高さを決めた。

筆者らは、その中で、二〇一二年七月十三日に開催された「意見交換会」に参加する機会を得た。ここでは「意見交換会」における質疑内容を分析することによって、①海岸堤防の高さを決定する上での論点を整理し、②投票において投票権を持つ関係者（ステークホルダー）を決定した論理を明らかにし、復興計画を決めていく上での地域の合意形成のあり方について考察する。

2　「意見交換会」開催の経緯

まず、「意見交換会（二〇一二年七月十三日）」が開催されて関係者による投票に至った経緯を、吉浜地区公民館報と「説明会（六月二十八日）」の議事録から辿ってみよう。

吉浜農地復興委員会が決めた海岸堤防の高さに対して、「吉浜の人達の総意ではないし、安全を考えれば高い方がよい」という意見が出て、無視できない勢力となったため、海岸堤防の高さを決められなくなったことは前述したとおりである。そこで二〇一二年六月二十八日に岩手県と大船渡市が主催する「説明会」が開催された。「説明会」における参加者の意見を議事録から抜粋すると次のようになる。

〈七・一五メートル支持の意見〉

①過去の津波を教訓として先人が高台移転してきた結果、津波被害は最小限に抑えられている。

②堤防が高くなると海が見えなくなり、景観が損なわれるし、避難しにくくなる。

③堤防を高くすると、その分隣接する根白漁港の被害が増大する恐れがある。

④堤防を高くすると潰れる農地面積が大きくなる。

〈一四・三メートル支持の意見〉

①七・一五メートルでは家屋にも被害が出ているので、高くして被害が出ないようにしたい。

②七・一五メートルが第二堤防ありきの話なので、第二堤防ができないのなら、一四・三メートルの堤防が必要。

最後の意見に関しては、少し補足しておく必要があるだろう。前述したように、吉浜農地復興委員会が作成した復興計画案の基本的考え方は「従来の高さの海岸堤防＋第二堤防」というものであった。この考え方に基づいて吉浜農地復興委員会は第二堤防の整備を県に要望してきたが、二〇一二年六月二十八日時点では、県の回答がまだ得られていない状況だった。したがって第二堤防が整備されないのであれば、住居への津波到達を防げないことが懸念されるため、海岸堤防（第一堤防）を高くすべきだという意見なのである。このように、吉浜農地復興委員会が要望してきた第二堤防の整備の可否が、海岸堤防の高さを決める上で鍵を握っていた。

「説明会」では住民の意見がまとまらなかったため、「世話人会」によって堤防の高さの決め方を相談していくこととした。「世話人会」とは、海岸堤防の高さに利害関係のある組織・集団の代表者の集まりで、四部落会、公民館、吉浜農地復興委員会、漁師会の代表で構成されている。二〇一二年七月三日に「世話人会」で話し合った結果、もう一度だけ住民主催で「意見交換会」を開催して学習した後、関係者による投票で決定することを決めた。そして七月十三日に「意見交換会」を開催し、その二週間後（七月二十七日）、「世話人会」による運営・管理の下、関係者（有権者一四七人）による投票を実施した。

投票結果は、投票数が七六票（投票率、五一・七％）で、七・一五メートル支持が六〇票（得票率、七八・九％）、一四・三メートル支持が一六票（得票率、二一・一％）であった。結局、七・一五メートルで決着がついたわけだが、①「意見交換会」でどのような意見が出されて方向が定まっていったのか、②投票で決着がついたわけだが、投票権を持った関係者（ステークホルダー）とはいったい誰なのか、「意見交換会」における質疑応答をたどってみよう。

3　海岸堤防の高さを決める上での論点

(1)　意見交換会の概要

関係者による投票前の学習の場として開催された「意見交換会」のプログラムは、次のとおりである。

①開会（公民館長、大船渡市挨拶）
②県と市の考え方の説明
③質問
④意見交換
⑤今後の展開

主催は吉浜地区公民館で、司会は公民館長がつとめた。吉浜地区公民館は、旧吉浜村（一九五六年に吉浜村、越喜来村、綾里村が合併して三陸村になり、一九六七年に三陸村が三陸町になり、二〇〇一年に三陸町は大船渡市に編入）の領域をカバーする地区公民館である。「吉浜農地復興委員会の決めた堤防の高さは吉浜住民の総意ではない」という意見が出てきたため「意見交換会」が開催されるのであるから、主催者も吉浜農地復興委員会のような任意団体ではなく、また個々の部落会でもなく、吉浜地区全体を包含する公民館が主催する必要があったのである。

「意見交換会」は公民館報によって吉浜全戸（四五〇戸）に広報された。会場に用意された椅子は六〇席ほどで、半分くらいが埋まった。女性の参加も見られたが、ほとんどが中年以上の男性である。岩手県や大船渡市の担当者は招待された形である。

ここで「意見交換会」に出席した筆者ら二名（毛利栄征、福与徳文）の立場にも触れておく。筆者らは「意見交換」の質疑応答の中で、専門家の立場から津波浸水シミュレーション結果に基づいて説明する機会が一度あったが、「意見交換会」の議論の流れを左右するような積極的な介入は行っていない。あくまでも傍聴者という立場である。

(2) 県の考え方の説明

開会挨拶の後、県の担当者から、海岸堤防の高さを七・一五メートルにした場合と一四・三メートルにした場合の①堤防の構造、②津波浸水シミュレーション結果（岩手県が実施したもので浸水範囲のみ表示、筆者らが吉浜農地復興委員会に提出したものとは別のもの）が説明された。

説明の要旨は次のとおりである。
①海岸堤防は（地盤沈下のため）従来の堤防より三〇メートル後退させる。このことにより、もともと農地であった土地が堤防用地となる。
②七・一五メートルの場合、堤防用地面積が一・六ヘクタールであるのに対して、一四・三メートルの場合、三・二ヘクタールと二倍になる。

③七・一五メートルでも一四・三メートルでも、東日本大震災の津波や明治三陸津波といった「最大クラスの津波」が襲来した場合、海岸堤防を大きく越え、浸水範囲はあまり変わらない。

なお説明資料や説明内容を見る限り、県は七・一五メートルと一四・三メートルの両者を同列に検討対象にする姿勢だったように見受けられた。前述したように岩手県は、当初（二〇一一年十月時点）、基本計画に基づいて一四・三メートルの堤防整備を住民側に提示していたが、この時点（二〇一二年七月十三日）では、堤防の高さを七・一五メートル（被災前の堤防高、吉浜農地復興委員会案）にするのか、一四・三メートル（計画堤防高）にするのかに関しては、吉浜住民の意思決定に委ねる姿勢に転換していたようである。これも住民側（吉浜農地復興委員会）が行政側に強く働きかけ続けてきたからであろう。

(3)　質疑の内容

県からの説明の後で、参加者から出された主な質問・意見を追ってみよう。

①津波緩衝帯としての農地

参加者から最初に出されたのは「堤防を一四・三メートルと従来の二倍の高さにすると、津波が脇に逸れて、根白漁港など、いままで津波の影響を大きく受けてこなかった集落にも影響を及ぼすのではないか」という意見である。それに関連して、被災当日、津波の挙動を観察していた参加者からは「今回の津波の状況を見ていたが、返し波と第二波がぶつかって、渦のようになり脇の方にも大きな波が押し寄せていた。一四・三メートルの堤防にするともっと大きな影響がでてくるのではないか」といった意見が出された。いずれも「堤防を高くするといままで津波の影響をあまり受けてこなかった地域にも津波の影響が及ぶ可能性が出てくるので、海岸堤防を一四・三メートルに高くするのは反対だ」という意見である。これらは七・一五メートル支持の意見と位置づけられよう。

実は、同様の意見が前回の「説明会（六月二十八日）」でも出されていた。議事録によると、「農地で津波を受けたから（根白漁港への被害が）あの程度で済んだと思う」という農地の津波緩衝帯としての機能が指摘されており、堤防を高くすると農地が緩衝帯として機能せず、このため周辺漁港により大きな損害を与えるのではないかという懸念である。吉浜のように半農半漁の地域で、なおかつ農業よりも漁業の方の経済的ウエイトが大きい地域の場合、漁港を守るために農地を津波のバッファーにするという考え方が出てくるのであろう。

②第二堤防整備の実現性

前回の「説明会」でも議論された「他地域への影響」という観点からの意見が出された後、早速、出されたのが、「六月二十八日の説明会のとき、第二堤防がどうなるのかわからないという説明を受けたが、第二堤防はどうなったのか」という第二堤防整備の実現性に関する質問である。

それに対して県は、「六月二十八日の説明会のときには担当が異なったため、県から明確な回答ができなかった。農地の区画整理事業の中で、集落道を嵩上げする用意がある。集落道の位置と嵩上げの高さといった具体的な事項はこれから決める」と回答した。

ここではじめて県から、「第二堤防」とは呼ばないものの、機能として第二堤防に相当する集落道を農地の区画整理事業の中で整備する計画のあることが表明された。つまり「従来の高さの海岸堤防＋第二堤防」という吉浜農地復興委員会案が、復興事業の中で実現可能であることが明らかになったのである。

第二堤防に相当する集落道の整備計画が明らかになると、会場からは「第二堤防ができるのであれば七・一五メートルでもよいし五メートルでもかまわない」、「どうせ津波が越えるのであれば七・一五メートルでよい」といったように七・一五メートル支持の意見が相次いだ。さらに今回の津波で自宅が被害を受けた参加者からも、「被災した人間としては、堤防は高い方がよい。ただし津波が越えるのであれば同じ」と七・一五メートルを容認する意見が出された。

一方、「第二堤防ができると農地への連絡道はどうなるのか。農作業を行うのに不便にはならないのか」という疑問が呈せられた。これは第二堤防の整備による農作業への支障に対する懸念であるから、一四・三メートル支持の意見に分類されるだろう。

③避難のしやすさと堤防の高さ

さらに参加していた女性からは、「逃げるとき時間稼ぎになるのであれば、堤防は高い方が良い。七・一五メートルと一四・三メートルの良い点、悪い点がわかるような比較表のようなものを示してほしい」という意見が出された（これはもっともな意見である）。それに続いて「一四・三メートルでも今回の津波は越えるかもしれないが、到達時間は遅くなるのではないか」という一四・三メートル支持の意見が出された。

それに対して七・一五メートル支持の意見としては、「被災当日、海岸にいたが避難することができた。逃げることについては心配ない」、「一四・三メートルになったら、津波が来ても見えなくなるので、避難できなくなることが心配だ」、「一四・三メートルにすると、津波が引くのが遅くなるのではないか」という意見が出された。ここで論点となったのが、堤防高の違いによる①津波到達時間の差、②(避難の判断に必要な)海の見えやすさの差、③浸水時間の差である。

まず堤防の高さによる津波の到達時間と浸水時間の差についてであるが、当日、県が用意していた津波浸水シミュレーション結果は津波浸水範囲のみを示したパネルであったため、海岸堤防の高さが七・一五メートルと一四・三メートルの場合で、津波到達時間の差がどれくらいあるのか不明であった。そこで津波到達時間のデータ(農工研独自のシミュレーション結果(1))を手許に持っていた筆者らから「七・一五メートルでも一四・三メートルでも到達時間はあまり変わらない。農工研が実施したシミュレーションでもその差は六〇秒以内である。また一四・三メートルの場合(堤防が壊れないことを前提)、波が引くのが遅くなる」と説明した。

一方、一四・三メートルの堤防ができると視界がどれくらい妨げられるのかに関しては、県が独自に行った景観シミュレーションのパネルや、吉浜地区拠点センターの建物や海岸近くにある電柱の高さなど、地域にある身近なものと比較しながら確認された。

筆者らが会場で観察した限り、県から第二堤防に相当する集落道を整備する計画があるという表明を受けてから、参加者の大勢は「それなら従来どおりの七・一五メートルでよい」という意見に傾いていったように見受けられた。その後、堤防高をどのような手続きで吉浜の総意として決定するのかに関する質疑に移っていった。

以上まとめると、海岸堤防の高さを決めていく上で論点となったのは、①津波越流の可能性、②越流した場合の浸水範囲、③津波の到達時間、④津波の浸水時間、⑤(避難に必要な)海の見えやすさ、⑥他地域への影響、⑦堤防敷地面積(農地の潰廃面積)、⑧第二堤防整備の実現性、である。

④どうやって決めるのか――関係者による投票へ

堤防高をどのような手続きで吉浜の総意として決定するのかについて、まず「意見交換会」の会場で採決するのかどうかが議論となった。会場で採決すべきという意見としては、「会場に集まった参加者で採決すればよい。出席しない人(関心のない人)に決定権はない」という意見が何人かから出された。その意見に対して司会者(公民館長)からは、「事情があって欠席している人もおり、欠席者が必ずしも無関心とは限らない。意見交換会の後、関係者の投票による多数決で決めると世話人会で決めて公民館報で広報していることから、後日、関係者による投票にしたい」という考えが示された。「投票によって決着をつけるとしても、一度、この場で多数決をとってはどうか」という意見も出されたりしたが、最終的には公民館報で広報されていたとおり、「関係者による投票」という手続きで了承された。

そして次に議論となったのが、投票権を持つ関係者(ステークホルダー)とは誰かである。議論の対立点として際立ったのが、「堤防の高さは農地の所有者だけの問題ではない」という意見と、「堤防の敷地は農地であり、農地の所有者にこそ決定権がある」という意見である。「堤防の高さが高くなると言うことは、堤防によって減歩が必要となる面積が二倍になるため、農地所有者の理解を得る必要がある」との意見があり、投票には農地所有者を含めるべきだという主張が繰り返された。

吉浜地区公民館報によれば、「世話人会」の話し合いの中で投票権を持つ関係者として想定されていたのは、四部落会（上通、下通、中通、大野）の住民である。しかし四部落会住民による投票では、津波被災農地の所有者のうち、四部落会住民以外の農地所有者の投票権はなくなってしまう。一方、四部落会のうち、上通と大野の二部落会は、下通、中通の二部落会と比較すれば標高が高く、海岸堤防の高さによる津波到達の差の影響を受けにくい立地であった。したがって、津波被災農地の所有者ではない上通と大野の二部落会の住民は、海岸堤防の高さへの利害が小さいともいえた。そこで双方の意見を酌み取った形で、部落の立地する標高が比較的低く、堤防の高さによっては津波が到達する可能性のある二部落会（下通、中通）の住民と、二部落会住民以外の津波被災農地所有者に、一世帯一票の投票権が与えられた。

二〇一二年七月二十七日に投票が行われ、海岸堤防の高さが七・一五メートルに決まったことは、前述したとおりである。もう一度、投票結果を示すと次のとおりである。

有権者＝一四七人
投票数＝七六票（投票率＝五一・七％）
七・一五メートル支持＝六〇票（得票率＝七八・九％）
一四・三メートル支持＝一六票（得票率＝二一・一％）

投票率が五割強で、そのうちの八割弱が七・一五メートルを支持したことになる。

4　地域社会における合意形成の新たなかたち

実は筆者らは、吉浜農地復興委員会による復興計画案がまとまった二〇一一年十月、地域づくり支援の専門家として委員会役員に対して次のような提案を行っていた。

「一度、吉浜住民全員に声をかけて集まってもらい、そこで吉浜農地復興委員会が策定した農地復興計画案を提案・説明し、基本的な考え方について吉浜全体の合意形成をはかってはどうか。」

このような助言をしたのは、復興計画案のコンセプトだけでも地域住民全体の合意が形成されれば、大きく後戻りすることなく、復興へのプロセスを着実に進められると判断したからである。しかしそのときの農地復興委員会役員の回答は、次のとおりであった。

「顧問の了解をとりつけているから大丈夫。」

「顧問」というのは、吉浜農地復興委員会の役職の一つで、地域の有力者一七名が就任している。役員の言葉を図式的に示せば、「地域の有力者への根回し≒地域の合意」ということになる。おそらくこれが、吉浜におけるこれまでの合意形成の形なのであろう。またそもそも「根回し」した上での全会一致という方法は、農村の地域社会の合意形成のスタンダードとして知られており、(2)「根回し」が合意形成のための重要なステップであることは別に吉浜にだけで見られるやり方という訳ではない。

ただ筆者らは、「根回し」した上での全会一致を確認するための会合を含めて、地域全体の合意形成手続きが未了である点にやや不安を感じながら、専門家の意見を被災地に押しつけるべきではないと判断し、吉浜のやり方に委ねた。しかし案の定、合意形成されていなかったことは、これまで述べてきたとおりである。「地域の有力者への根回し≒地域の合意」という合意形成の仕組みは、今回の計画策定においては（結果として）機能しなかったのである。そして最終的な合意形成は、何度か集会を開催して議論し、学習した後、関係者による投票によって決着をつけるという手続きを採ったことも、これまで述べてきたとおりである。

投票権を持つ関係者（ステークホルダー）として、農地所有者の立場が強かったり、一世帯一票だったりすることから、吉浜における投票を一般的な意味での「住民投票」と位置づけることは困難である。しかし地域社会単位の参加型民主主義の手続きを一定程度踏んでおり、「参加・学習→投票」という地域社会における新たな合意形成の形を示しているといえよう。また吉浜で採用された投票方法は、「堤防高は七・一五メートルか一四・三メートルか」という同一尺度の上で選択肢が二つであるというやり方で、循環順位（投票パラドックス）を生じさせない方法を用いており、(3) そういった意味でも妥当な「決め方」であったと評価できよう。

ただし津波被災地にとって海岸堤防の高さは重要な課題であるにもかかわらず、投票率が五一・七％と過半数は超えているものの、やや低かった点が気になるところである。投票率が高くなかった理由としてまず考えられるのが、多くの住民にとって投票結果がある程度予想できたからではないか、という点である。国政選挙や自治体の首長選挙などにおいても、結果が見えている場合に投票率が低くなることが多いが、それと同じである。「地域の有力者への根回し≒地域の合意」という合意形成の形を自明とする多くの住民にとって、「参加・学習→投票」という合意形成手続きは、「すでに結果が見えているのに、余計な回り道をした」と認識されていた可能性がある。また地域の事柄に無関心な住民が吉浜でも増えているという根底的な問題もあるかもしれない。これらの点については、さらに検証が必要である。

さて、後日、農地復興委員会役員に聞いたところでは、「関係者による投票」という合意形成手続きを採用したことは吉浜にとっても例外的なことで、「今後、吉浜で何かを決めるときは投票で決めることにした」というわけではないとのことである。ただし、たとえ吉浜にとっても特別なことだったとしても、吉浜の事例は「海岸堤防の高さを、住民自身が専門家の分析を参考にしながら学習を深め、最後は投票して決める」という地域における新たな合意形成プロセスの可能性を示したといえよう。こうした「参加・学習→投票」といった「参加学習型合意形成プロセス」とでも呼ぶべき合意形成の新たな形は、海岸堤防の高さに限らず、また被災地の復興計画策定に限らず、今後、地域社会にとって重要課題の合意形成を行っていく上で一つの方向性を示している。

5 復興事業の着工

(1) 起工式にて

二〇一三年六月六日、農山漁村地域復興基盤総合整備事業、海岸保全施設災害復旧事業の起工式が行われ、筆者らも出席させていただいた。

農山漁村地域復興基盤総合整備事業で整備される農地の面積は四六ヘクタールで、海岸保全施設災害復旧事業で整備される堤防は、海岸堤防（高さ七・一五メートル、長さ五四〇・〇メートル）、河川堤防（左岸の長さ二二九・〇メートル、右岸の長さ二七三・三メートル）、離岸堤（一箇所）である。

起工式の参加者に配布された事業計画図（吉浜工区）を見ると、高台の住宅群と低地の農地団地の境界に、嵩上げした集落道（標高一二・八メートル）が認められた（図2-1）。これで吉浜農地復興委員会の「従来の高さの海岸堤防＋第二堤防」という構想は一定程度成就したことになる。

ここで「一定程度」と断ったのは、①集落道の嵩上げ高が想定していた高さよりも低いこと（津波防御機能に懸念が残る)、②嵩上げ集落道が未舗装で、農地団地から上る階段が整備されないことなど、当初、吉浜農地復興委員会が描いていた構想が全て成就したわけではないからである。

この結果について農地復興委員会役員に聞いたところ、「大型バスが海水浴場まで行けるような道路を構想したが、散歩道程度になった。しかし盛土した道路をつくることができたので、第一歩を踏み出せた」という評価であった。

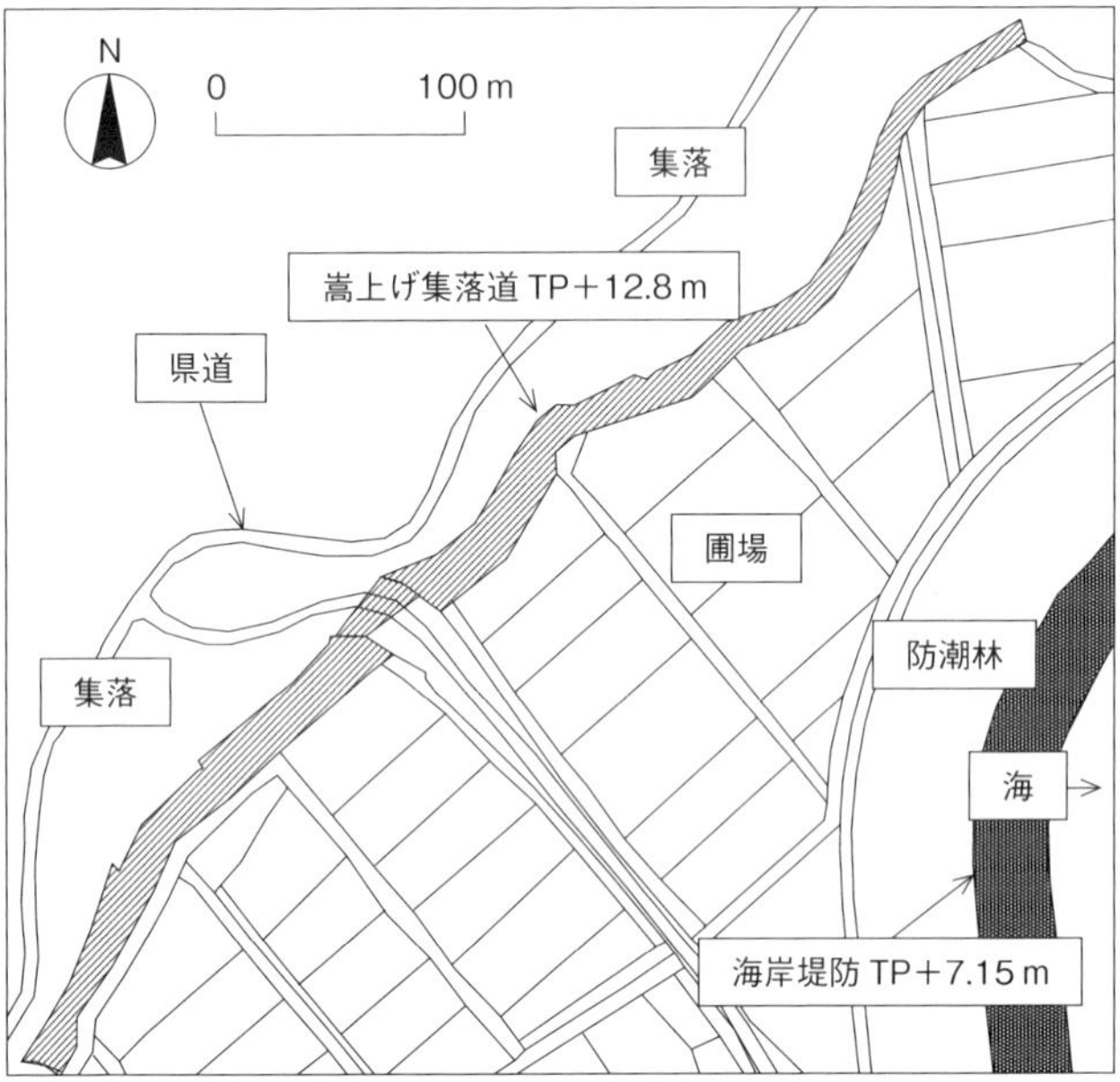

図 2-1　吉浜工区の嵩上げ集落道

(2) 地盤沈下とトンネル工事

巨大津波が襲来したにもかかわらず人命や住居の被害が小さかったことで、吉浜はマスコミから「ラッキービーチ」とか「吉浜の奇跡」とかいう名称で呼ばれたりしたが、けっしてラッキーでも奇跡でもなかったことは、これまで述べてきたとおりである。ところが復興工事が進捗していく中で吉浜を訪問したとき(二〇一二年十一月)、「吉浜は本当にラッキービーチだなあ」と感じることがあったのでここで紹介しておく。

本書第一部の冒頭で、山口弥一郎が羅生峠を越えて吉浜にたどり着いた道を、筆者らは国道四五号線の羅生トンネルを抜けて吉浜に着いたと述べた。そして羅生峠では、もう一本のトンネル工事が進んでいたのである。それが三陸縦貫自動車道の吉浜トンネルである。

東日本大震災被災地における農地の復興を考えていくとき、立ちはだかった壁の一つが地盤沈下の問題である。地盤沈下は農地の排水性の悪化にストレートにつながり、農業経営のあり方にも大きな影響を及ぼすことが懸念されていた。地盤が沈下すれば、これまで揚水機（ポンプ）による機械排水の必要のない自然排水の地域でも機械排水が必要となったり、もともと機械排水だった地域でも排水能力の増強（揚水機の性能の増強）が必要となったりして、揚水機（ポンプ）の運転にかかるコストの増加が、経営コストの増加につながることが心配されていたのである。

地盤沈下に対しては、客土を行うのが第一の対策となるのだが、東日本大震災では広大な面積の地盤沈下が生じていたので、それを埋める分の土が不足し、客土で地盤沈下をカバーすることは大変困難な状況であった。宮城県でもこの点は深刻であり、この点については第二部（水田農業編）において詳しく述べることとする。

ところが吉浜では地盤沈下した農地の復興工事と、三陸縦貫自動車道のトンネル工事が同時に行われており、トンネル工事の残土が同じ地区の地盤沈下対策の客土に用いられたのである。通常ではトンネル工事などで出た残土の処理は、それ自体大きな社会問題となるような事柄である。吉浜では、地域内のトンネル工事の残土が、地盤沈下した農地の客土に用いられたのである。残土処理の方法としても、地盤沈下対策としても、これ以上の条件はないだろう。

(3) シミュレーションに近づく現実

図2-2に並べた四つの写真(①～④)は、吉浜にある新山神社の鳥居周辺を撮ったものである。①は二〇一一年七月十四日に撮影したもので、②は吉浜農地復興計画案の景観シミュレーションである。そして③は二〇一三年十一月十六日に撮影し、④は二〇一五年十月三日に撮影した写真である。これらの写真から吉浜の農地復興の道のりを辿ってみよう。

写真①(二〇一一年七月撮影)――地震によって新山神社の石造りの鳥居が倒壊した。四年に一度の新山神社の式年大祭では、神輿が漁船に乗せられて海上渡御する。昭和三陸津波後に植栽された木々によって視界は塞がれ神社の石段から海は見えないが、もともとは海が見えていたようである。

写真②――吉浜農地復興委員会による復興計画案の景観シミュレーションの一つである。このシミュレーションは、二〇一一年八月四日の住民説明会において披露したもので、海を見えなくしている木々を切り払い、式年大祭の神輿を海に一直線に降ろせるようにするという構想をイメージ化したものである。説明会に参加していた被災住民からは、「これを見たら元気が出てきた」と声が上がった。景観シミュレーションが、被災住民の心理面に好影響を与えることが確認できた一枚である。

写真③(二〇一三年十一月撮影)――石造りの鳥居が再建された。また視界を塞いでいた木々は伐採された。「海が見えるように」という構想に基づいて伐採されたというよりも、津波の塩分によって枯死したため伐採されたと聞いた。結果として海が見えるようになったことには違いない。農地の復興事業も半分ほど進ん

①2011 年 7 月 14 日撮影

②景観シミュレーション（2011 年 8 月映写）

③2013 年 11 月 16 日撮影

④2015 年 10 月 3 日撮影

図 2-2　シミュレーションに近づきつつある現実

でいる。正面に整備されつつある圃場が見えるが、ここでまず代かき試験を行い、客土した表土の機能を点検する。なお同じ時期に撮影された試験圃場と吉浜農地復興委員会役員（二名）の写真が、特集記事とともに、日本農業新聞の二〇一四年元旦号に掲載されているので一度ご覧になっていただきたい(4)。

写真④（二〇一五年十月撮影）――稲穂が黄金色に稔っている。まもなく収穫の日を迎えようとしている。海岸堤防はまだ完成していないが、農地はすっかり復興している。再建された鳥居のすぐ向こう側に工事車両があるのにお気づきだろうか。まだ完成していないが、嵩上げされた集落道の上に工事車両が乗っているのである。海にまっすぐ降りていく道の整備こそかなわなかったが、二〇一一年に吉浜住民自身が構想した復興後の姿（景観シミュレーション）に現実がだんだん近づきつつあることがわかる。

（1）桐博英・丹治肇・福与徳文・毛利栄征・山本徳司「平成二十三年（二〇一一年）東北地方太平洋沖地震を対象とした減災農地の津波減勢効果の検証」『農村工学研究所技報』二一三号、二〇一一年、二七九～二八六ページ。
（2）鳥越皓之『家と村の社会学　増補版』世界思想社、一九九三年、一〇二～一二四ページ。
（3）佐伯胖『「きめ方」の論理―社会的決定理論への招待―』東京大学出版会、一九八〇年、一一～五三ページ。
（4）『日本農業新聞』二〇一四年一月一日、一一面。

補論1　もう一つの自然災害から地域の減災力を考える

東日本大震災が起きたため、あまり目立たなかったが、二〇一〇～一一年の冬季には、地震や津波とは異なるもう一つの自然災害が日本列島を襲った。それは大雪である。大雪は二年続き、二〇一一～一二年の冬季にも大きな被害を日本列島にもたらした。

政府（内閣府防災担当と国土交通省）は「大雪に対する防災力の向上方策検討会（以下、大雪防災力検討会）」を開催して対策を検討し、二〇一二年三月に『大雪に対する防災力の向上方策報告書―豪雪地域の防災力向上に向けて―（以下、大雪防災力報告書）』をとりまとめた。[1] 筆者は委員の一人として大雪防災力検討会の議論に参加した。ここでは大雪防災力報告書に基づいて、津波とは異なる災害である雪害から、地域の減災（とりわけ死者数を減らすという視点から）を考察し、本論を補うこととする。

大雪防災力報告書では、①除雪作業中の安全対策の徹底、②空き家の除雪、③除雪を担う建設業者の減少への対応、④大雪時における適切な道路管理、⑤漁船の転覆、沈没等の被害、といった五つの柱を立てて提言を行っている。ここではその中の「除雪作業中の安全対策の徹底」にスポットライトを当てる。筆者がこの項目に着目するのは、除雪作業中の事故の死者が雪害で命を落とした人の多くを占めており、雪害による死者数を減らすためには除雪作業中の事故の死者数を減らすことが肝要で、そのためには地域社会の取り組みが鍵を握ると考えたからである。

大雪防災力報告書によれば、二〇一〇〜一一年冬季の大雪による人的被害は、死者が一三一名、重傷者が六三六名であった。一三一名の死者のうち、除雪作業中の死者が八一・七%を占める。そして除雪作業中の死者の内訳であるが、「屋根からの転落（はしごからの転落を含む）」が死者全体の四〇・五%で、「屋根からの落雪」が一六・八%、「水路への転落」が九・九%、「除雪に伴う発症」が七・六%、「除雪機による事故」が五・三%と、「屋根からの転落」が大雪による死者全体の四割を占める。

さらに衝撃的なデータが同報告書には掲載されている。除雪作業中に亡くなった方の死因のデータである。「屋根から転落」の死者のうち、半数にあたる五〇・九%が「地面等に身体を強打したことによる外傷性のショック死」である一方、四分の一にあたる二六・四%が「屋根雪とともに転落し雪に埋もれたことによる窒息死」である。また「屋根からの落雪」の死者の八三・三%が「雪に埋もれたことによる窒息死」である。一方、「水路への転落」の死者のうち五四・五%が「水死」で、一三・六%が「急激に冷たい水路に落ちたことによる急性心停止（心臓麻痺）」である。

ここで注目すべき死因は、「雪に埋もれたことによる窒息死」である。「屋根からの転落」の「外傷性のショック死」や、「水路への転落」の「急性心停止」に比べ、もし被害者の近くに誰かがいて、その誰かによって早期に発見され、救出されたり、救急隊に通報されたりしたら、死亡に至らなかった可能性の比較的高い死因と思われるからである。もし二人以上で除雪作業を行っていたら、窒息死した犠牲者の一定程度は救出され、死に至らずに済んだかもしれない。というのは、大雪防災力報告書には次のデータも掲載されている。重傷者の七一・二%が一〇分以内に発見されており、二人以上で作業を行っていた重傷者のうち九四・九

%が一〇分以内に発見されているというデータである。つまり二人以上で除雪作業することが徹底されれば、除雪作業事故による死者数を減らすことができるということになる。

ところで、「二人以上で除雪作業を行う」ということは何も新しい知見ではない。どのようにすれば自然災害による死者数を減らすことができるのかに関しては、大雪に限らず、多くの知識が既に蓄積されている。問題は、その知識を地域住民にどのように周知・徹底するかである。大雪防災力検討会においては、パンフレットの作成・配布による住民の啓発が有効な方策として議論された。大雪防災力報告書の付属資料として例示されている山形県や新潟県魚沼市が作成したパンフレットを見ても、①屋根の除雪のときは命綱をつけること、②二人以上で作業することなどを、イラストを用いてわかりやすく説明している(2)。

除雪作業における死者を減らすには、住民への啓発はきわめて重要で、パンフレットの作成・配布は大変意義のあることである。第一部の冒頭でも、柳田國男が山口弥一郎に「心安く読めるような本にでもまとめてみよ」と示唆したことが、山口が一般読者向けの『津浪と村』を著すきっかけになったことを紹介したように(3)、防災・減災に関する住民の理解の促進が、第一部(減災空間編)のテーマであり、パンフレットによる啓発は、柳田の「心安く読めるような本にでもまとめてみよ」といった考えに通じることである。

しかし「複数で除雪作業を行う」ことを徹底するためには、わかりやすいパンフレットを作成して、個々の住民を一方向的に啓発するだけでは十分とは言えない。それは、かりにパンフレットの啓発効果が発揮され、住民一人一人が「一人で除雪作業を行うことは大変危険であり、二人以上で除雪作業を行うべきである」ということをよく理解できたとしても、それだけで二人以上で除雪作業を行う体制を構築できるわけではないからである。やはり地域住民が集まって「一人で除雪作業を行ってはいけない」という情報と認識を共有した上で、二人以上で除雪作業を行うための体制づくりに関して話し合うことが必要となる。こうした場合、行政側がやるべきことは、パンフレットを作成して配布するだけではなく、ワークショップのように、住民相互が地域の減災について話し合う「場」を設けることではないだろうか。そういった話し合いの「場」でこそ、ビジュアルに優れたパンフレットも大きな効果を発揮するものと考える。

（1）内閣府防災担当・国土交通省『大雪に対する防災力の向上方策報告書―豪雪地域の防災力向上に向けて―』、二〇一二年、一～六七ページ、内閣府ホームページ、http://www.bousai.go.jp/setsugai/pdf/h2404―002.pdf（二〇一六年九月八日確認）。

（2）内閣府防災担当・国土交通省『住民への広報啓発の事例』内閣府ホームページ、http://www.bousai.go.jp/setsugai/pdf/h2404―006.pdf（二〇一六年九月八日確認）

（3）山口弥一郎『津浪と村』（復刊版）、石井正己・川島秀一編、三弥井書店、二〇一一年、一三ページ。

第三章　災害に強い地域づくりのために

岩手県大船渡市吉浜の住民は、明治三陸津波（一八九六年）で壊滅的な被害を受けたあと低地部にあった住居を山麓に移転させ、その後、海岸近くに二度と降りてこなかったため、昭和三陸津波（一九三三年）でも、東日本大震災（二〇一一年）でも人命や住居の被害を最小限にとどめることができた。そのため吉浜は、東日本大震災後に「ラッキービーチ」（USA TODAY, 二〇一一年四月一日）とか「吉浜の奇跡」（読売新聞、二〇一一年十一月十日）といった見出しで報道されたりした。そして人命や住居の被害が小さかったゆえに早くから吉浜農地復興委員会を立ち上げ、被災住民自身によって「従来の高さの海岸堤防＋第二堤防」をコンセプトとする復興計画案を策定した。その一方で、海岸堤防の高さを二倍にする計画案が行政側から提示されると、堤防の高さについて地域内の意見が割れてしまい、何度か住民自身が共同学習した後で、最後は関係者による投票を行い、自分たちで自分たちの地域の津波防御システムに関する計画の根幹部分を決めていった。

本章はこうした吉浜において、筆者らが被災住民による農地復興計画策定を技術的に支援しながら見聞きしたことにもとづいて、災害に強い地域をつくっていくための方策に関して考察する。

1　自分たちの地域のことは自分たちで決める

(1)　地域の内発性

筆者は、災害に強い地域づくりという観点から吉浜を見た場合の特筆すべき点、つまり第一部（減災空間編）で明らかにすべき吉浜の秘密の第一は、「自分たちの地域は自分たちでまもる」、「自分たちの地域のことは自分たちで決める」という吉浜住民の姿勢、すなわち吉浜という地域社会の内発性にあると考える。明治三陸津波後の高台移転の数少ない事例であることも、東日本大震災後も農地復興計画案を被災住民自身が早くからつくりはじめたことも、そして海岸堤防の高さに関して何度か学習会を開催した後で最後は投票を行って合意形成を図ったことも、地域の内発性が発揮された結果である。

(2)　海岸堤防の高さと行政依存

①海岸堤防だけでは津波を防ぐことはできない

ところで東日本大震災の津波災害から得た教訓の第一は、「海岸堤防だけでは津波を防ぐことはできない」という点であったはずだ。もちろん筆者は「海岸堤防は津波減災に役に立たない」などというつもりはない。海岸堤防といったハードは、災害に強い地域づくりを実現していくためには、やはり基盤となるものである。しかし海岸堤防だけでは、つまりハード整備だけでは、津波災害に強い地域をつくっていくことができないことは、東日本大震災後、誰の目にも明らかになったはずである。

ノンフィクション作家の佐野眞一は、その著書『津波と原発』の中で在野の津波史研究者である山下文男にインタビューしている。[1] 山下は、『哀史三陸大津波―歴史の教訓に学ぶ―』、『津波の恐怖―三陸津波伝承録―』、『津波てんでんこ―近代日本の津波史―』といった著書で知られ、書名にもなっている「津波てんでんこ」という言葉を世に広めた人物である。[2] 佐野によれば、震災当日、山下は岩手県陸前高田市の病院に入院しており、九死に一生を得て自衛隊のヘリコプターによって救出され、佐野がインタビューしたときには、盛岡市のホテルに滞在していた。佐野が山下に「今回の大災害から一番学ばなければならない教訓は何か」と尋ねたところ、山下は「田老の防潮堤は何の役にも立たなかった。それが今回の災害の最大の教訓だ。ハードには限界がある。ソフト面で一番大切なのは、教育です。海に面したところには家を建てない、海岸には作業用の納屋だけおけばいい。それは教育でできるんだ」と応えている。山下は、その年の十二月、八七年の生涯をとじた。このとき佐野が引き出した山下の言葉は、在野の津波史研究者の遺言といってもよいものである。

②田老の防潮堤と被害

山下の発言の中にある「田老の防潮堤」の「田老」とは岩手県宮古市田老のことである。

田老は、明治三陸津波では、地域の三四五戸が全滅、死者一八六七人（被災地人口の八三・一%）、昭和三陸津波では、流失・倒壊家屋五〇〇戸、死者・行方不明者九一一人（被災地人口の三二%）という壊滅的な被害を繰り返し受けてきた地域である。[3] そういった津波被害に対して田老では、高台移転地の確保の困難さもあって、海岸堤防（防潮堤）によって地域を津波から守る道を選択し、第一堤防（一三五〇メートル、一九五八年完成）、第二堤防（五八二メートル、一九六六年完成）、第三堤防（五〇一メートル、一九七九年完成）と総延長二四三三メートルの防潮堤をX字型に配置し、「田老の万里の長城」といわれる津波防御システムを築き上げた。そしてこの津波防御システムは（まだ第一堤防だけ整備された段階だったが）、チリ津波（一九六〇年）の際には見事にその役割を果たした。しかしこの「田老の万里の長城」でさえ今回の津波を防ぐことができなかった。津波は海岸堤防を越え、（明治と昭和のときよりも死者数は少なかったとはいえ）、死者一六一人という大きな被害をまたしても同地域にもたらしたのである。(4)

毎日新聞（二〇一一年五月十五日朝刊）は、「二重防潮堤にも限界」という見出しで田老の3・11を特集している。この特集では、後で建設された第二堤防と第三堤防の内側に次々と民家が建ち、第二堤防と第一堤防の間に挟まれた地区の死者・不明者の割合が最も高く、第三堤防と第一堤防の間に挟まれた地区がそれに続くことを指摘した上で、「亡くなった人の多くは、逃げ遅れたというより逃げなかったのではないか」という漁協職員や、「新しい防潮堤を造ったことが、安全の過信を生んだかもしれない」という市職員、「ハードは十分整備されていたが、避難の大切さは伝わっていたのだろうか」という自治会長や、「なぜ住宅建設を規制しなかったのかと今も言われる。しかし核家族化が進む中、二重に囲まれた地区にはもう土地がなく、町は黙認するしかなかった」という元町長の言葉を紹介しながら、海岸堤防による津波防御の限界を訴えている。津波防災の世界的な優良事例であった田老も、今回の津波被害により「海岸堤防だけでは津波を防ぐことができない」という実例になってしまったのである。

ただしこの新聞記事だけ読むと、あたかも田老の住民は「田老の万里の長城」があったがゆえに油断していて避難しなかった人が多かったという印象を与えてしまうが、筆者が田老の被災者から聞いたところによれば、「今回の犠牲者の数は、明治や昭和の大津波と比べると少なかった」、「田老でも多くの人は高所に避難したが、避難が困難な弱者（高齢者や障害者）が避難できずに犠牲になったケースが多いのではないか」ということであった。おそらく（ここから先は推測でしかないが）、犠牲者の中には、避難したくてもできなかった弱者もいれば、「田老の万里の長城」があったがゆえに油断して逃げなかった人もいただろう、ということである。

③吉浜が揺らいだ理由

一方、吉浜は明治三陸津波の後、海岸近くにあった住居を高台に移転させ、その後低地に決して戻らなかったため、昭和三陸津波でも東日本大震災の津波でも被害を最小限に抑えたことで著名な地域で、「ラッキービーチ」とか「吉浜の奇跡」とかマスコミから呼ばれたことは、本書でも何度も紹介してきた。その吉浜においてさえも、今回「行政が堤防を高くすると言っているのであれば、高くした方がよい」という意見が出てきて、一定程度の勢力を得たことは第二章で述べたとおりである。もし吉浜で一四・三メートルの堤防が建設されれば、田老においてもそうであったように、五〇年後には高くした海岸堤防のすぐ背後に家が建つかもしれないし、津波が来ても住民は逃げないかもしれない。吉浜農地復興委員会の役員もそのことを一番心配していた。海岸堤防の津波防御機能に大きな疑問符が付いた今回の災害からの復興において、高台移転の成功事例であるはずの吉浜でさえも海岸堤防を高くするという案が出てくるのは、そもそもおかしな話である。「津波に対しては、海岸堤防を高くせずに、高台移転と避難で対応する」という吉浜住民の間に形成されてきたと思われる津波防御に関する基本理念も、成功事例だからといってすんなり自動更新されるわけではないのである。

では高台移転の成功事例であるはずの吉浜においてさえ、今回、地域住民の中に「堤防を高くしてはどうか」という揺らぎをもたらした原因は何だったのだろうか。それを解く鍵は、堤防の高さを二倍にすることに賛成した住民から出た「行政が堤防を高くすると言っているのであれば、高くした方がよい」という発言の「行政が……言っているのであれば」という部分に明瞭に見てとれるだろう。それは地域社会及びそれを構成する地域住民の「行政への依存体質」である。

(3) 内発性に基づく合意形成プロセス

吉浜では、第二章で述べてきたとおり、行政側から堤防の高さを二倍にする案が提示された後、「七・一五メートル支持」の意見と「一四・三メートル支持」の意見が対立した。「七・一五メートル支持」の意見は地域の内発性から出てきたもので、「一四・三メートル支持」の意見は行政への依存体質から出てきたものと整理することができよう。

そして吉浜では、被災住民が何度か「学習」する「場」を自ら設定した後で、投票により海岸堤防の高さを決めていくという「参加学習型合意形成プロセス」をとったわけだが、この合意形成のプロセスは「自分たちの地域のことは自分たちで決める」という地域の内発性に基づいたプロセスである。このプロセスにしたがって合意形成をはかった結果、「七・一五メートル支持」という地域の内発性から出てきた案に決定した。吉浜では、地域の内発性に基づいた合意形成プロセスを自ら選びとることによって、つまり方法としての内発性を選ぶことにより、内容上も内発性に基づく復興計画を獲得できたことになる。

(4) 自立した共同体をつくるための仕組み

吉浜の場合、「自分たちの地域は自分たちでまもる」、「自分たちの地域のことは自分たちで決める」といった地域の内発性があったがゆえに、最後は投票まで行って海岸堤防の高さを自分たちで決めることができたのだと考える。しかし「自分たちの地域は自分たちでまもる」、「自分たちの地域のことは自分たちで決める」といった状況になっていない地域では、どうすればよいのだろうか。

社会学者の宮台真司は、その著書『私たちはどこから来て、どこへ行くのか』(幻冬舎、二〇一四年)において、自治マインドのない日本でポピュリズムによる〈デタラメな民主制〉を打破する実践的方策の一つとして、熟議による住民投票制度の導入を推奨している。(5)

宮台によれば、「熟議」への住民の〈参加〉によって〈依存的な共同体〉にありがちな〈任せて文句を垂れる作法〉から、民主制を支える〈自立した共同体〉として必要な〈引き受けて考える作法〉へとシフトさせ、「熟議」参加による住民の〈包摂〉によって、「熟議」が共同体の空洞化を背景にした住民間の分断を克服するための体験学習機能、いわばワークショップ機能を果たすというのである。つまり〈依存的な共同体〉の〈巨大なフィクションの繭〉を破って〈自立した共同体〉になってもらうために、〈依存的な共同体〉に「熟議→住民投票」という「社会構造」を組み込むことによって、住民に〈参加〉と〈包摂〉という〈心の習慣〉(エートス)をつけてもらおうということなのである。

さて宮台が同書で〈巨大なフィクションの繭〉の一例として挙げているのが原発問題である。宮台が同書で主張しているのは、「原発をやめる」こと自体よりも、「熟議→住民投票」という作法を導入することによって「原発をやめられない社会をやめる」ことを目指している。宮台の議論を本書の津波被災地の場合に当てはめれば、〈巨大なフィクションの繭〉に当たるのは「巨大な海岸堤防への神話」ということになるだろう。また宮台が現代社会に導入すべきだと主張している「ワークショップによる熟議→住民投票」というプロセスは、まさに吉浜が今回とった「参加・学習→投票」というプロセスなのである。

したがって内発性が発揮される状況にはない地域であっても、「参加・学習→投票」という「仕掛け」（宮台がいうところの「社会構造」）を当該地域に組み込むことによって、その地域に「自分たちの地域は自分たちでまもる」、「自分たちの地域のことは自分たちで決める」という〈心の習慣〉をつけてもらうことが可能となるのである。

(5) 行政の役割

吉浜の場合、（筆者らがささやかな技術的支援を行ったといえども）「参加・学習→投票」というプロセスを外から「社会構造」として与えられたのではなく、被災住民自らが選びとったプロセスであるという点が大きな特徴であり、それが第一部（減災空間編）で探求してきた「吉浜の秘密」の答えの一つなのである。吉浜は外から特に仕掛けなくても、既に〈自立した共同体〉であったといってよい。

では〈自立した共同体〉であれば、あるいは「自分たちの地域は自分たちでまもる」、「自分たちの地域のことは自分たちで決める」という〈心の習慣〉が既にあれば、住民参加型の復興計画づくりは成就するのであろうか。やはりそこには行政側（とくに岩手県）の、当初はそうではなかったものの最終的には「堤防の高さを決めるのは吉浜住民である」という姿勢があったからにほかならない。

第二章において、関係者による投票の直前に実施された「意見交換会」における県担当者の姿勢を思い出してほしい。当初は堤防高を二倍にする計画案を提示した岩手県も、堤防の高さに関しては吉浜住民の意思決定に委ねようという姿勢になっていた。また吉浜住民が投票まで行って決めた堤防の高さや、第二堤防建設（集落道の嵩上げ）を汲み取って具体的に事業化した。そういった岩手県側の姿勢がなければ、住民参加型の復興計画及び事業は実現していない。したがって吉浜が〈自立した共同体〉として意思決定できたのも、行政側の掌の上にあったと言っても過言ではない。

しかしこのことは、吉浜住民による復興計画づくりの価値を、ただちに減じさせるものではない。むしろ、こうした場合の行政の役割を明確にするものと考える。先にあげた社会学者の宮台は、「手付かずの自然であっても、それを残すという作為があっての不作為である」ことを例示しながら、〈システム〉（「役割&マニュアル」優位の関係性）が全域化した現代社会において、空洞化した〈生活世界〉（「善意&内発性」優位の関係性）の機能的等価物を再構成するのも〈システム〉であると述べているように(6)、〈システム〉（この場合、行政）が〈自立した共同体〉（この場合、被災地の地域社会）を育成・保全する機能を担わなければならないのである。また吉浜のように、既に〈自立した共同体〉であるような場合でも、手付かずの自然を作為によって残すように、〈自立した共同体〉であることを活かすような途を選択し、振る舞う必要が行政側にはあり、そうしない限りは〈自立した共同体〉としては存立しえないのである。

一方、〈自立した共同体〉を育成し、存立させていくことは、少し長い目で見れば行政側にとっても大いにメリットがあることと考える。というのは、〈自立した共同体〉の合意形成結果を受けて施設整備を行えば、過剰な整備水準にならず、整備コストが（そうでない場合よりも）抑制される可能性が高まるし、整備後の維持管理についても〈自立した共同体〉が自ら引き受ける部分が多くなり、現在、行政側の最大の悩みの一つであるハード整備後の施設の維持管理の労力やコストに関するソフト面の問題の解決にもつながっていくからである。

もちろん「熟議→住民投票」というプロセスを導入すれば、いつでも〈自立した共同体〉が育成されるとは限らないし、〈自立した共同体〉を育成するためのワークショップ機能を果たす「仕掛け」も「熟議→住民投票」だけとは限らない。筆者らが長年携わってきた農村計画学は、〈自立した共同体〉を育成する機能のある様々なワークショップの技法をすでに財産として蓄積してきている。むしろそれらを用いて被災地において住民参加型で復興計画をつくる支援を行う場合、具体的にどのような点に留意すべきかが問題だったのである。

2 「理解」と「共同学習」が重要

地域の内発性を引き出す計画づくりという観点から見れば、災害からの復興計画づくりのプロセスも、平常時の地域振興にむけた計画づくりのプロセスも、基本は同じであると考える。

図3-1に示したのは、農研機構『ワークショップを活用した地域づくりマニュアル』にある「地域づくりのプロセス」である。(7) 「第一段階＝関心」、「第二段階＝参加」、「第三段階＝発見」、「第四段階＝理解」、「第五段階＝創出」という五段階を踏んで地域の内発性を引き出し、それが螺旋状に上昇しながら繰り返さ

れるというイメージである。同マニュアルによれば、それぞれの段階ではおおよそ次のようなことを行う。

第一段階＝関心〈啓発〉

自分たちを取り巻く環境とそれに関わる問題に気づかせたり、関心を持たせたりすることにより、地域づくりの必要性と参加意識を生成していく。

第二段階＝参加〈組織化〉

一人一人の住民の関心を、集落全体、地域全体に展開させるための組織づくりを進める。地域のみんなが役割を持ち、活動できる体制を作ることを目標にする。このため、女性、子供から高齢者まで、そして地域の内外を含め幅広く活動できる仕組みを構築していく。

第三段階＝発見〈再点検〉

住民全員で地域の環境や資源をもう一度再確認し合うことで、地域環境・資源を認識・評価し、環境を保全したり、地域資源を利活用したりすることに関して意見を出し合う。地域住民が集まって、もう一度地域の中を歩いてみて、地域環境・

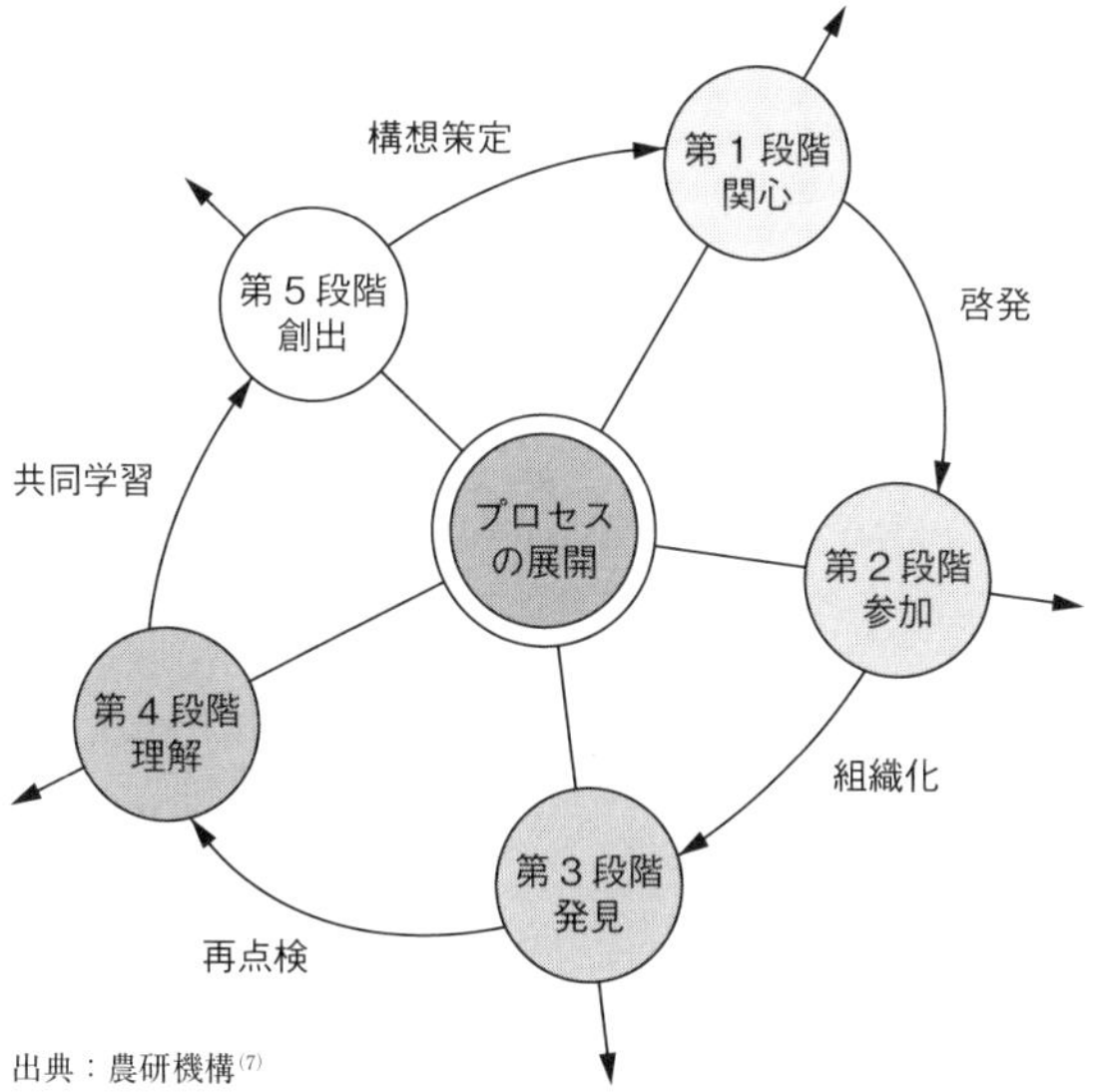

出典：農研機構(7)

図 3-1　住民参加型計画づくりのプロセス

資源の点検を行った上で、環境点検マップを作成するような環境点検ワークショップを行うことなどが有効である。

第四段階＝理解〈共同学習〉

地域住民が自分たちの地域づくりを適切な方向へ導くために、地域の自然や社会の仕組みについて理解を深める。専門家を交えた学習会を通して、地域の自然・社会・経済について深く理解することを目標とする。そのとき地域のリーダーや地域づくりをサポートする行政職員等は、一般住民にも理解しやすい資料の作成に心がける必要がある。また地域づくりの先進事例などの視察を行い、他地域の取り組みについて知ることも大切である。

第五段階＝創出〈構想策定〉

いままでの活動を取りまとめ、地域の将来構想や計画、あるいは地域の環境を保全するための新たな「掟」を創出する。さらに創出したものを住民みんなで味わうことにより、地域に生活する「誇り」をはぐくむと同時に、新たな関心を生みだす。

被災地の復興計画づくりの場合、特に注意を払わなければならない段階が、第四段階の「理解」と、その段階で行われる「共同学習」であると筆者は考える。その理由として次の点を挙げることができる。

①被災により（景観も含めて）地域の状況が大きく変わってしまい、被災住民が復興計画を策定するときに将来像をイメージしにくいこと。

②「防潮堤の高さをどれくらいにしたら津波がどこまで到達するのか」など、平常時の地域づくりのとき

よりも被災地復興計画づくりのときの方が、専門家の知見を住民自身が学び、理解し、住民間で認識を共有する必要のある事柄が多いこと。

そしてこの段階では、被災住民の「理解」や「共同学習」を促進するような技術的支援が求められ、そのための支援技術の一つがビジュアライズ（見える化）なのである。

3　復興のアイデアをビジュアライズする

東日本大震災のような大災害では、被災により地域の景観が大きく変わってしまう。このため被災住民が復興計画づくりの話し合いに参加しても、復興後の地域の姿をイメージしにくく、復興のアイデアが出されてもそれに対する理解も困難で、話し合いも進まず、そのことが地域の合意形成にむけての障壁になることが懸念される。このため、復興のアイデアをわかりやすくビジュアライズすることによって、それを理解し、アイデアに対する意見が出やすくするような支援を行うことが必要となる。

復興のアイデアのビジュアライズには、フォトモンタージュ（写真の切り貼りやCG）による景観シミュレーションを作成し、復興計画案の図面とともに被災住民に示すことが有効な手段の一つである。吉浜の事例でも復興のアイデアをビジュアライズすることによって、アイデアに対する被災住民相互の理解が促進され、話し合いが活発になり、地域の合意形成を支援することができたと考える。さらに復興後の地域の姿を具体的に被災住民にイメージしてもらうことによって、復興に向けて被災住民に元気を取り戻してもらうという心理的な波及効果も期待できる。

さて、吉浜で用いられたCGによる景観シミュレーションは、マンションの販売用パンフレットで完成イメージ図として用いられているものと同じ方法で作成されている。事実、吉浜のCGをボランティアで作成してくれた仙台市のIT企業は、マンション販売用のCGを作成している会社でもある。しかし吉浜で用いたCGと、マンション販売用のCGでは、用い方が全く異なるということをここでもう一度確認しておきたい(8)。

マンション販売用の完成イメージ図は、建設される前の物件の完成後の姿を消費者に提示して、消費者に完成後の姿を理解してもらい、当該商品を購入するかどうかを決めてもらうためのもので、それを見た消費者がそれをどのように判断しようと、建設されるマンションの設計には影響を与えないものである。一方、復興計画づくりの中で提示する景観シミュレーションは、計画案のイメージを提示し、参加住民の理解を促進することによって話し合いを活性化するためのもので、その話し合いで出された意見などによって、つまり議論の結果によって計画案が変わりうることを前提としているものなのである。

もちろん復興計画案をビジュアライズする方法としては、写真の切り貼りやCGを用いた「フォトモンタージュ」による景観シミュレーションばかりが有効だという訳ではない。建築家などが「模型」を作成し、復興後の「街」の姿を地域住民に見てもらっている映像をテレビなどで見た読者も少なからずいるのではないかと思う。報道されていた「模型」が、それを見た住民の意見によって作り直すことを前提に作られたものなのか、その「模型」が示しているものが復興計画の最終的な姿なのかどうかはわからなかったが、もし作り直すことを前提とするのであれば、「模型」よりも「フォトモンタージュ」のほうが作り直しやすいし、いくつかのパターンを場所もとらずに用意することができる。また「模型」の対象になっていた計画案の多くが、復興後の「街」だったように記憶しているが、建築物群であれば「模型」によるビジュアライズも効果的かもしれないが、農地を含む景観となると、空間の多くを占める農地部分は（建築物と比べれば）凹凸に乏しく、「模型」で示すことによるビジュアライズ効果は小さなものとならざるを得ないだろう。また海岸堤防の高さを変えるなどし、ある地点から「海が見えるかどうか」をシミュレーションしようと思えば、「フォトモンタージュ」の方にアドバンテージがある。もちろん「模型」には「模型」の良さがあるとは思うが、「フォトモンタージュ」の方が「模型」より優れている点も少なからず存在する。それぞれ一長一短があるが、復興計画案についての被災住民の理解を促進し、元気を取り戻してもらうという機能を持っている点では、「模型」も「フォトモンタージュ」も等しいと考える。(9)

4　計画案の「言語化」、「文章化」は住民の羅針盤となる

「理解」や「共同学習」を促進する機能を果たす方法は、復興後の景観などをＣＧや模型として見せることだけではない。被災住民の考えを「言語化」し、「文章化」して整理しておくことも、被災住民間の情報と認識の共有に大きな役割を果たす。

ワークショップの現場で、参加した被災住民が課題を出し合ったり、復興のアイデアを出し合ったりするとき、参加者から出された課題やアイデアは図面上に付箋などによって表現され、マップとして作成されることが少なくない。そして被災住民が図面上に作成した復興計画案を、行政側が受けとめて事業化していくプロセスにおいて、住民が作成した図面上のアイデアは、その実現可能性などに応じて大小さまざまな修

正・変更が加えられる可能性がある。復興事業を具体的に進めていくとき、行政側が提示する図面上の変更点は、被災住民にとって「譲れない事柄であるかどうか」、「受け入れ可能な事柄であるかどうか」判断に迷うことがあるし、それによって住民相互の合意が崩れ、再び住民間の合意を形成していくことが困難に陥ってしまう事態も懸念される。こうした事態を招かないためにも、被災住民がアイデアを出し合って作成した図面上の計画案の重要な部分（譲れない部分）を明確にし、「何が住民にとって重要な事項か」、「何がそれほど重要でない事項か」その優先順位をつけておく必要がある。

被災住民にとって「譲れない部分」を明確にする方法の一つが、被災住民にとって重要な事項を「言語化」して、骨子として「文章化」し、整理しておくことである。吉浜においても、吉浜農地復興委員会が策定した農地復興計画案を、筆者らが骨子として言語化・文章化したものが、岩手県との交渉のときに役立ったことは第一章で紹介したとおりである。とりわけ「防潮堤は高くせず、巨大津波では越流を覚悟するものの、第二堤防を高台にある住居群と低地部の農地の間に設置し、住居への津波到達を防ぐ」という文章が、住民のスローガンと化していたことを読者には思い出していただきたい。

被災住民による計画案の骨子を「言語化」、「文章化」しておくことには、被災住民にとって肝心な部分（譲れない部分）を明確化しておく効果があり、住民側が行政側とぶれずに迷うことなく調整・交渉を行っていく上で「羅針盤」としての機能を果たすのである。

さらにワークショップなどで被災住民から出される復興に向けてのアイデアは、その地域に生活し続けてきた住民の「経験知」に基づくものである。こうした住民の「経験知」を、支援者（技術者、専門家）が聞き取り、技術者や専門家が有する「科学知」に翻訳し、整理して体系化しておけば、被災住民側と行政側の意思疎通を容易にする機能も果たす。

5　減災農地——農地を津波減勢装置として位置づける

(1)　人命と住居の被害が小さなことの重要性

東日本大震災のような大きな災害からの復興計画策定において、被災住民が「参加」し、専門家等の知見を「学習」しながら話し合い、合意形成を図っていく「参加学習型復興計画策定プロセス」が理想的だとしても、それを多くの地域で実行できるのかといえば、なかなかそうはならないし、現実に多くの地域でそうはなっていない。住民意向を強く打ち出せない地域や、住民間の意見の相違をまとめられないような地域では、結局、行政が策定した基本計画に基づいて海岸堤防の高さなどが決められる。むしろこれが東日本大震災の被災地における一般的な姿であろう。

吉浜において海岸堤防の高さを住民自身が決めることができたのは、第一に吉浜農地復興委員会の方々の強い意思と努力があったから、つまり「自分たちの地域は自分たちで守る」、「自分たちの地域のことは自分たちで決める」といったような地域の内発性があったからにほかならないが、やはり巨大津波が襲来したにもかかわらず、人命と住居への被害が小さかったことが、それを支える基盤となっていたことも間違いないことだろう。

人命と住居への被害が大きい場合、住民主体で内発的に復興計画をつくるといっても、なかなかそうはいかない。そもそも多くの方が犠牲になり、多くの家屋が失われた地域の被災者に「内発的であれ」というのは酷なことである。そうだとすれば、もし他の津波被災地においても復興事業によって、吉浜のような「高台に住居、低地に農地」という津波減災空間を形成することができ、住民避難を軸とした総合的な津波防御態勢を構築しておけば、次に「最大クラスの津波」が襲来したときには人命と住居の被害は今回より小さく済むはずで、そうなれば多くの地域で住民主体の復興計画が策定できるようになるのではないかと考える。

(2) 減災農地

「生命を守るためには避難する」、「生活を守るためには住居を高台に移転させる」といったことは、本書で改めて述べなくても、震災直後から、いや震災前から三陸沿岸の津波対策として語られていたことで[10]、新しい提案は何も含まれていない。今回の吉浜の事例を間近で見ていて、本書で津波減災対策として新たに付け加えるとすれば、筆者もメンバーだった農工研・復興支援チームが提案した「減災農地」という概念であろう[11]。

「減災農地」とは、海岸堤防背後の農地を階段状に整備するなどして、農地を津波緩衝帯あるいは津波減勢装置として機能させようというものである。吉浜住民自身も低地部にある農地団地を津波緩衝帯と認識しており、第一章の吉浜農地復興計画案を見ても、第二章の海岸堤防の高さに関する議論の場における「津波を農地で受けるから……」といったような発言を見ても、そのことは明確である。また、桐らの模型実験によれば、農地の段差により（段差がない場合よりも）、津波到達距離が短くなり、津波到達時間が長くなる効果、つまり津波減勢装置としての機能も確認されている[12]。

ただし、「減災農地」というアイデアの核心部分は、農地の段差の津波減勢機能もさることながら、むし

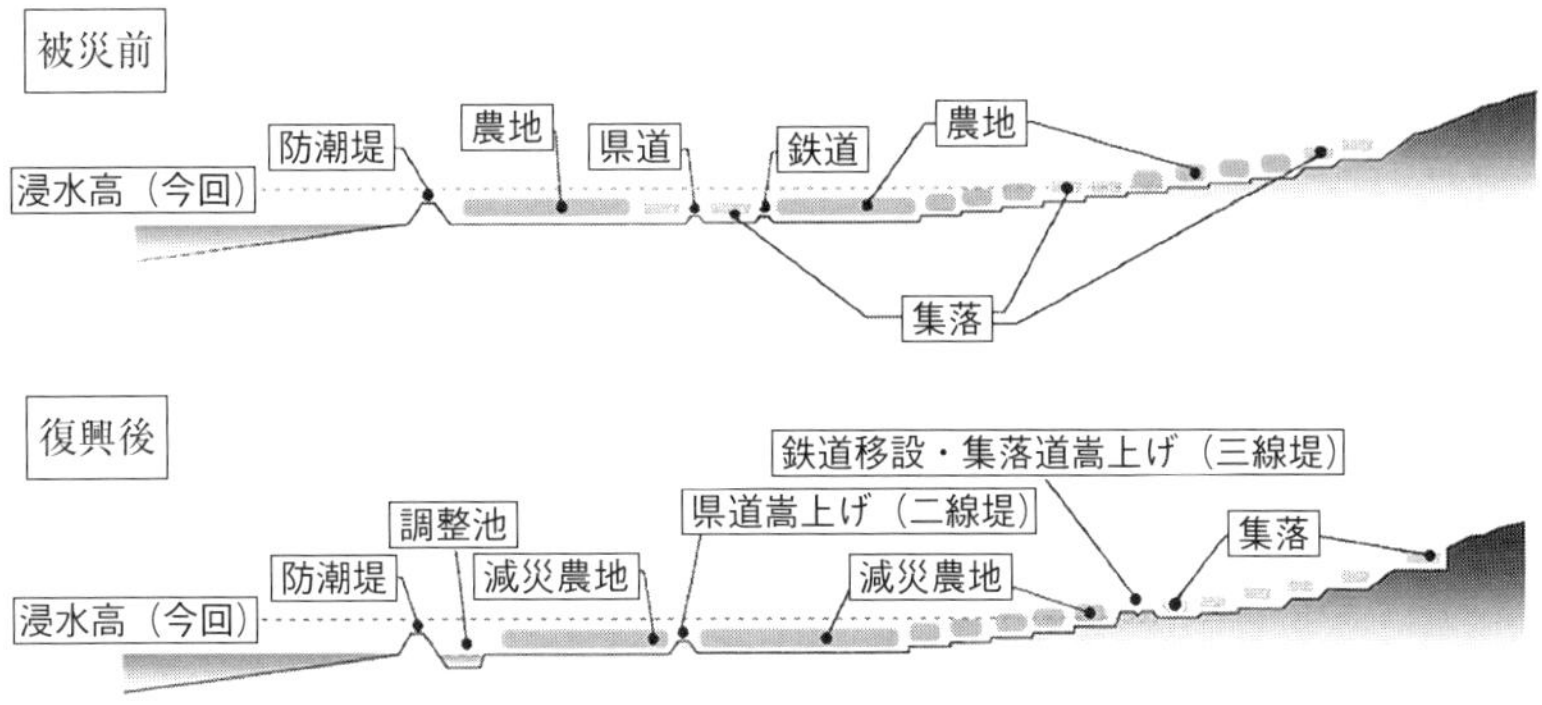

図 3-2　減災農地による復興イメージ

ろ「減災農地」の空間的位置にあるといってよいだろう。農工研・復興支援チームが提示した「減災農地を核とした津波減災システム」のイメージは図3-2に示したとおりである。被災前に低地部にあった集落を高台に移転させ、海岸堤防（防潮堤、第一堤防）、第二堤防兼道路、そして減災農地の組み合わせによって津波から集落（生命と生活）を守ろうという津波減災システムである。堤防が道路と兼用なのは、①建設コストを考えると、平常時に堤防機能だけではもったいないこと、②今回の津波でも高盛土された道路が陸側にある第二堤防としての機能、すなわち津波減勢機能及び緊急避難所機能が認められたこと（たとえば仙台東部道路）、③津波が越流しても破堤しない構造で堤防兼道路が建設されれば、かりに被災した後でも復旧・復興の大動脈として機能することが期待できる点などがその理由である。

津波減勢機能を海岸堤防以外にも求める提案としては、震災直後から、林野庁は高さ一〇から二〇メートルの人工丘と植樹による「海岸林を活用した津波被害の軽減策」（河北新報、二〇一一年五月八日）を、日本造園学会（二〇一一年）はガレキの分別と適正な素材の活用による「防災人工丘公園」の建設を提案している。

そして農工研・復興支援チームは、農地を津波減勢装置として機能させる「減災農地」を提案しており、各機関や学会がそれぞれの得意分野で津波減災対策を提案しているといったところだろう。

それらの中で農地を津波緩衝帯あるいは津波減勢装置として用いるメリットは、第一章で披露した以下のエピソードに明確に現れている。二〇一一年八月の吉浜農地復興委員会役員会において、役員相互で次のようなやりとりがあった。役員の一人が「地域の農業の担い手が不足しており、被災した農地も耕作放棄地が目立っていたため、新たに大きな区画で農地整備を行ってもあまり意味がないのでは」という趣旨の発言をした。そのときすかさず他の役員が「低地部の農地をきちんと管理せずに遊休地にしてしまうと、また低地部に家を建てて住む者が出て来るからダメだ」と応酬していた。各分野から提案された様々な復興計画案を見ても、海岸に近い低地部を粗放的に利用するという案が多い。巨大津波が襲来すれば、海水を被ってしまう浸水予想区域を高度な土地利用にしないというのは、ごく自然な考え方である。しかし一定程度人手をかけて、しかも地域住民自身が利用・管理するような土地利用にしておかないと、低地部への住宅建設を抑止できないということを、この発言は意味している。低地部を農地としてきちんと利用するということは、平常時には農業生産基盤として機能するだけではなく、低地部（危険地帯）の住宅建設抑止にもつながるのである。

様々な学会、大学、研究機関、民間コンサルタント会社などからの復興計画に関するコンセプトが提案されてきたが、それらを見ても、海岸部に防潮堤や防潮林を配置し、低地部には農地と第二堤防（兼道路）を配置し、高台に住居を配置するという計画案になっており、ポンチ絵レベルであれば誰が考えても似たようなものになる。そういった数多あるアイデアの中で、農工研・復興支援チームが打ち出した「減災農地」のコンセプトは、低地部に配置した農地を津波緩衝帯あるいは津波減勢装置の一つとしてきちんと位置づけようということなのである。

(3) 半農半漁

ただし農地を津波緩衝帯として位置づけるといっても、「大事な農地を津波のバッファーとして考えるなんてありえない」と考える農家もいるだろう。農地をバッファーとして位置づけられるのは、吉浜住民の生業が「半農半漁」であることと大いに関係している。もちろんここで言う「半農半漁」とは、地域に農家と漁家の双方が混じり合って居住しているという意味ではなく、地域住民が、あるときは漁師として、あるときは農業者として働くという意味である。

吉浜といえば、中国料理の高級食材である干し鮑の「吉浜鮑（きっぴんあわび）」が有名である。吉浜農地復興委員会役員によれば、鮑漁が解禁されるのは十一月と十二月の二ヶ月間で、そのうち実際に漁に出られるのは十日間くらいだという。震災前（年により、漁師により幅があるようだが）、一日一〇キロ前後獲れることが多かったらしい。獲れた鮑はキロ一万円程度で取引されていたようなので、二ヶ月で一〇〇万円くらいの収入になるという勘定である。これからコストを差し引いて考えると、世界に冠たる高級食材を獲るための漁業であっても、冬のボーナスくらいに考えておかないといけない。つまり、それだけで生計を立てていくのには不十分なのである。したがって普段は会社勤めをしながら、休日には農業も行い、冬になると鮑漁を行うといったイメージが、現代の吉浜の「半農半漁」の姿である。もちろん吉浜にも専業漁家もいる。彼らはワカメやホタテの養殖（＋鮑漁）により、もっぱら漁業で生計を立てている。このような専業漁家の多くが使用する漁港こそが、二章で紹介した「説明会」や「意見交換会」のとき、参加者から「堤防を高くするとかえって津波の被害を受けやすくなってしまうのではないか」と懸念を表明されていた根白漁港なのである。

吉浜のような三陸沿岸の住民にとって農地は、同じ被災地でも仙台平野の農地と比べて生業上のウェイトは小さく、それゆえ農地を津波緩衝帯として位置づける発想が住民自身から出てくるのである。「減災農地」のアイデアで整備する場合、この点には注意しなければならない。もちろん仙台平野などにおいても「減災農地」の考え方は津波減災に対して有効であると考えるが、その計画・整備には住民感情へのより一層の配慮が必要となる。

6　専門家と被災住民の関係

吉浜（被災住民）と（筆者が当時属していた）農工研・復興支援チーム（専門家）との関係は、「減災農地」のヒントを得た吉浜において、被災住民が「減災農地を核とした津波減災システム」のヴァージョンアップを図ろうとしているのに対して、専門家として景観シミュレーションや津波浸水シミュレーションによる技術的支援を行ったということになる。

⑴　ゼネラリストとスペシャリスト

ここで専門家の役割を整理しておこう。専門家が被災地の「参加学習型復興計画策定プロセス」において果たす役割としては、以下が挙げられる。

①ゼネラリストとして——被災地の状況に応じた計画策定プロセスを設計し、それをコーディネートすること。またプロセス全体を見守り（進行・管理）、記録すること。

②スペシャリストとして——被災住民の理解促進や共同学習のために、それぞれの専門分野を活かした実態分析や評価・予測（シミュレーション）などを行い、住民に提示すること。

吉浜では、筆者がゼネラリストとしての専門家の役割を担っていたわけだが、ゼネラリスト（コーディネーター）として筆者に期待されていた役割をもう一度整理すると、次のようになる。

①住民の経験知や将来に対する考えを体系化・整理して復興計画（案）にまとめていく。

②減災対策から地域活性化対策にいたるまでの様々な課題に対する相談役になる。

③住民による復興計画作策定の進捗状況に合わせて、どのような支援技術を投入すればよいのかを判断する。

④復興計画（案）の作成から事業実施への流れを見守る。

①の成果が吉浜農地復興計画案の言語化・文章化であり、③により投入した支援技術が景観シミュレーションと津波浸水シミュレーションであった。

(2) 専門家はどこまで介入してよいのか

専門家が被災地の復興計画の策定支援に関わるということは、多かれ少なかれ当該地域に専門家が「介入」することになるが、どこまで介入することが許されるのであろうか。筆者は、地域住民の合意形成の内容にまでは専門家は介入せず、あくまでも合意形成ができるような場や環境を整えることまでが専門家に許されている「介入」だと考える。

専門家（研究者など）による「介入」として筆者の頭にまず浮かぶのが、フランスの社会学者A・トゥレーヌらの「社会学的介入」である[13]。これは反原子力運動や地域闘争といった社会運動に研究者が介入し、仮説を提示し、運動主体の自己分析を促し、運動の水準を押しげる方法である。複数グループで議論を交わし、研究者がアジテーター役とセクレタリー役に分かれて働きかける。社会運動の活動家を対象とした一種のワークショップである。もちろん筆者らが被災地で行った介入の方法と、A・トゥレーヌらの社会運動への社会学的介入の方法とは多くの点で異なる。しかし研究者が介入することによって、社会運動の主体である活動家や、地域づくりの主体である地域住民が（つまり当事者が）、自分たちの現状を再認識することを支援する機能を果たすという点では同じである。A・トゥレーヌらも次のように述べている[14]。

われわれの介入がめざしたのは、知識をつくりだし、運動の担い手がかれらの行動の性質とその拠って立つ基盤をよりよく理解するように手助けすること、それ以上のことではなかった。その役割は、方向を決定することではなく、人びとが可能なかぎり自分たちの歴史の演じ手となるように手を貸すことなのである。

自然災害からの復興計画づくりにおける専門家の役割は、被災住民が決定する内容そのものに介入するのではなく、被災住民が可能なかぎり自分たちの力で復興計画を策定していくことに、ゼネラリストとスペシヤリストの立場から手を貸すことなのではないかと考える。

（1）佐野眞一『津波と原発』講談社、二〇一一年、五二〜六一ページ。
（2）山下文男『哀史三陸大津波―歴史の教訓に学ぶ―』河出書房新社、二〇一一年、山下『津波の恐怖―三陸津波伝承録―』東北大学出版会、二〇〇五年、山下『津波てんでんこ―近代日本の津波史―』新日本出版社、二〇〇八年。
（3）同右『津波の恐怖』、一二一〜一三八ページ。
（4）宮古市『宮古市の被害状況』、二〇一一年、一四ページ、宮古市ホームページ https://www.city.miyako.iwate.jp/data/open/cnt/3/384/1/03-higaijokyo.pdf（二〇二〇年四月二十一日確認）。
（5）宮台真司『私たちはどこから来て、どこへ行くのか』幻冬舎、二〇一四年、三四三〜三七二ページ。
（6）同右、二一七〜二二〇ページ、三三一〜三四二ページ。
（7）農研機構『ワークショップを活用した地域づくりマニュアル』二〇一二年、一〜六ページ。
（8）「復興計画づくりで住民に見せた景観シミュレーションとマンションの販売用のイメージ図とは作成方法は同じだが用い方が全く異なる」という点に関しては、一緒に仕事をした山本徳司氏がよく述べていたことで、山本氏のアイデアであることを明記しておく。
（9）ロバート・K・マートン（「顕在的機能と潜在的機能」森ほか訳『社会理論と社会構造』みすず書房、一九六一年、一六〜七七ページ）の概念を用いれば、フォトモンタージュと模型は「機能的に等価である」ということになる。
（10）たとえば本書でたびたび引用している山口弥一郎や注(2)に挙げた山下文男の一連の著作など。
（11）毛利栄征・丹治肇「平成二十三年（二〇一一年）東北地方太平洋沖地震における海岸堤防の後背農地による津波減勢―減災農地の考え方と提案―」『農村工学研究所技報』二一三号、二〇一二年、一〇五〜一一五ページ。
（12）桐博英・丹治肇・福与徳文・毛利栄征・山本徳司「平成二十三年（二〇一一年）東北地方太平洋沖地震を対象とした減災農地の津波減勢効果の検証」『農村工学研究所技報』二一三号、二〇一二年、二七九〜二八六ページ。
（13）A・トゥレーヌ著、梶田孝道訳『声とまなざし―社会運動の社会学―』新泉社、一九八三年、A・トゥレーヌほか著、伊藤るり訳『反原子力運動の社会学―未来を予言する人々―』新泉社、一九八四年、A・トゥレーヌほか著、宮島喬訳『現代国家と地域闘争』新泉社、一九八四年。

(14) トゥレーヌほか『現代国家と地域闘争』一六ページ。

第二部　水田農業編——水田農業と地域社会

「大規模農家は小規模農家によって支えられている。大規模農家だけ育成しても仕方がない。」
「集落の力をかりないと農業はやっていけない。」

これらは、二〇一三年四月から五月にかけて宮城県亘理町の津波被災地で、宮城県が主催した座談会において担い手農家から出された意見である。このときの座談会のテーマは「担い手農家はどのくらいまで規模拡大できるのか」であった。津波被災地では農地や農業用施設が被災した上に農業機械が流失してしまったため離農者の増加が予想されており、「津波被災農地が大区画化されて高機能型圃場として復興したとしても、これらの農地が残らず耕作されるのか」という点が、この時期、農業復興上の大きな課題として浮上していたのである。

この座談会の様子については、第四章の後半で詳しく紹介することとなるが、冒頭の発言の重要性は、「もっと規模拡大できないのか」という行政側（宮城県職員）からの問いかけに対して、規模拡大が期待されていた担い手農家から「大規模農家は小規模農家によって支えられている」、「集落の力をかりないと農業はやっていけない」という発言が出たという点にある。座談会で担い手農家からこのような発言が出たのは、水田農業の規模拡大に伴う農業水路の維持管理に関する懸念が担い手農家側に生じていたためである。このとき担い手農家が抱いた懸念の中味は、「水田の耕作自体は、二〇ヘクタールでも、三〇ヘクタールでも担い手農家だけでなんとかなるとしても、農業水路の法面の草刈りや、泥さらいなど、農業水利施設の維持管理作業までも担い手農家だけで行っていくのは困難である」というものである。

農業経済学者の生源寺眞一は、わが国の水田農業を、①上層――市場経済との絶えざる交渉のもとに置かれた層、②基層――資源調達をめぐって農村コミュニティの共同行動に深く組み込まれた層、という二層構造として描いている(1)。このうち、基層において農村コミュニティの共同作業により調達される資源の一つが農業水利施設なのである。そこで生源寺の「水田農業の二層構造」の枠組みを用いて座談会における担い手農家の発言内容を言いかえれば、座談会において担い手農家は、上層の立場から「基層による支えがなければ、上層は成立しない」と訴えていたということになる。

水路法面の草刈りなど、農業水路の維持管理にかける労力が限りなく軽減される施設、いわばメンテナンス・フリーの施設にでもならないかぎり、これまで地域社会が担ってきた農業水路維持管理機能（資源管理機能の一つ）と同等の機能を持つ仕組み(2)を新たに構築していくことが必要となる。

この点は全国的に随分前から問題となっていたことだが(3)、被災による離農者の増加により急速に農地集積が進む津波被災地では、今後一〇年くらいの間に全国の農村が対峙していかなければならない課題が、急に目の前に突きつけられた状況になっていたといえる。したがって、津波被災地における水田農業の担い手と地域社会の関係を考察することは、そのまま全国各地の水田農業と地域社会の今後のあり方を展望することにつながるといえよう。

（1）生源寺眞一『農業と人間―食と農の未来を考える』岩波現代全書、二〇一三年、一六三～一七一ページ。
（2）社会学では同様の機能を持つ仕組み（構造）がいろいろとありうることを「機能的等価」という。この概念は、マートン（金沢実訳「顕在的機能と潜在的機能―社会学における機能分析の系統的整理のために―」、森東吾、森好夫、金沢実、中島龍太郎共訳『社会理論と社会構造』みすず書房、一九六一年、一六～七七ページ）が機能分析の精緻化をはかっていく上で打ち出したものである。
（3）たとえば、高橋正郎「規模問題と構造政策の視点」『農業経済研究』五五巻三号、一九八三年、一一五～一二一ページ、永田恵十郎「規模問題と稲作の生産組織」『農業経済研究』五五巻三号、一九八三年、一三一～一三九ページなど。また、津波被災地における農業水利施設の維持管理問題に関しては、郷古雅春・菅原喜久男・大場喬・千葉克己「宮城県の沿岸低平地における復興農地整備の取り組みと維持管理問題」『農業農村工学会誌』八四巻七号、二〇一六年、五八七～五九〇ページなど。

第四章　津波被害からの水田農業の復興にむけて

本章では、一万四千ヘクタールあまりの農地が津波で被災した宮城県の被災農業者の「生の声」から、復旧・復興のためのハード整備がはじまろうとしていた時期における、水田農業の復興にむけての課題を明らかにする。

ここで紹介する被災農業者の「生の声」は、次の二つの場面で聞いたものである。一つは宮城県七ヶ浜町における農業復興構想策定のためのワークショップ（二〇一二年五～十二月）において、もう一つは（本編の冒頭で紹介した）宮城県亘理町における担い手農家座談会（二〇一三年四～五月）においてである。前者は、地盤沈下地域における農地・農業用施設の復旧・復興にむけての課題、特にハード面の課題を明確にし、後者は津波被災地において加速化が予想されていた担い手農家への農地集積の課題、特にソフト面の課題を明らかにしてくれる。もちろんハード面とソフト面の課題は相互に絡み合う。

1　地盤沈下地域における農地・農業用施設の復旧・復興の課題

東日本大震災からの農地や農業水利施設の復旧・復興を考えていく上で大きな問題となっていたのが地盤沈下である。国土地理院によれば、最も大きく沈下した電子基準点は牡鹿（宮城県）で、一一六センチ沈下している。[1]また四〇～八〇センチ沈下した電子基準点も多く見られ、東北地方太平洋沖地震による地盤沈下の激しさがうかがえる。地盤沈下は農地の排水機能の低下にストレートにつながり、被災地における農業の復興を考えていく上で大きな障害となった。

農業の復興に向けて、地盤沈下への対策として第一に考えられるのが、客土による地盤の嵩上げである。ところが客土をしようにも、地盤沈下した広大な面積を埋めるだけの土がないのが現実だった。土が確保できて客土可能な地域では客土が最良の策となるが、もし客土が困難な場合、それに代わる方法として考えられるのが地域の排水機能の強化である。排水機能の強化とは、いままで自然排水の地域であっても沈下して海面下になった場合、ポンプによる機械排水が必要となるし、これまでも機械排水が必要であった地域では、沈下によっていままでよりも（地盤沈下した分）排水ポンプの能力増強が必要になるということである。

そしてここで留意しなければならないのは、排水機能の強化が農業経営のコストに及ぼす影響である。ポンプによる機械排水面積が大きくなったり、揚程が大きくなったり、運転時間が増えたりすれば、排水コスト（ポンプを動かす電気代や重油代）が増加する。排水コストの増加は、土地改良区の経常賦課金の上昇につながり、経常賦課金の上昇は経営コストの増加につながる。そして経常賦課金の上昇による経営コストの増加のダメージは、大規模専業農家にとってより大きなものとなる。被災地では震災を契機に農業経営からの撤退を意思表示している農家の多いことから、担い手農家への農地集積が加速化していた。担い手農家が一〇ヘクタール、二〇ヘクタール、それ以上といったように経営規模を拡大せざるをえない状況において、排水機能の強化による経営コストの増加は、被災地の農業を背負っていく経営体の持続的発展にとって、ひいては被災地の農業の今後の展開にとって、大きな阻害要因となりうるのである。したがって地盤沈下した地域の農地や農業水利施設を復旧・復興していくためには、ランニングコストのかからない排水機能の強化が必要となる。

「ランニングコストのかからない排水機能の強化が必要」という結論めいたことを先に書いてしまったが、この知見は、筆者らが宮城県七ヶ浜町において被災農業者による農業復興構想づくりを支援している中で明確になっていったものである。復興構想策定のためのワークショップにおいて、個々の被災農業者が感じていたり考えていたりしたことが、相互にコミュニケーションしていく中で像を結んでいった知見なのである。

農地や農業水利施設の復旧・復興にかぎらず被災地で復興計画を策定していくには、第一部（減災空間編）でも述べてきたように、被災者自身が計画づくりに参加し、被災者相互がコミュニケーションすることによって認識や情報を共有し、必要に応じて専門家が科学的知見を示しながら、復興後の地域のあり方に関して理解を深めて学習し、自律的に合意形成していくという「参加学習型復興計画策定プロセス」をとることが有効であると考えている。そうした方が（そうしないよりは）、被災地それぞれの背景や事情にあわせた姿に復興されるというだけではなく、復興後の農地の有効利用や、農業水利施設の良好な維持管理につながるからである。

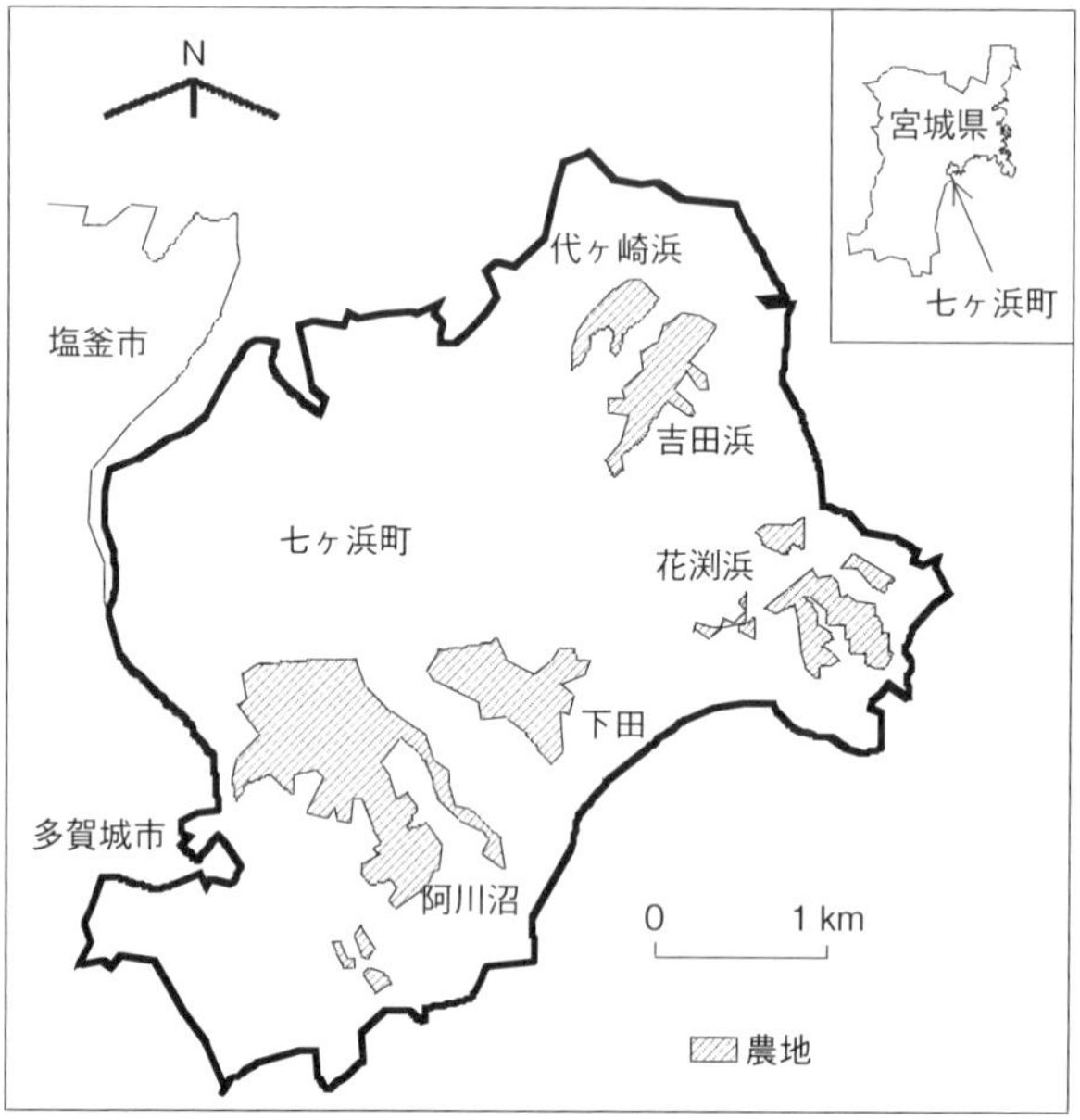

図4-1　七ヶ浜町の概況

ここでは、地盤沈下地域の一つである宮城県七ヶ浜町において、被災農業者の参加による農業復興構想策定のためのワークショップにおいて出された、地盤沈下地域における農地・農業水利施設の復旧・復興に関する具体的な課題を見ていこう。

(1)　七ヶ浜町の概況

七ヶ浜町は、人口二万二六一一人（二〇一二年住民基本台帳）の三方が海に面した半島状の町である（図4-1）。町の面積は一三二七ヘクタールで、東北地方最小である。東日本大震災の津波によって九二名の町民が亡くなった。同町は仙台市への通勤圏で、松島を望む風光明媚な場所であるため、丘陵部には新興住宅地が建設され、宅地面積は三九二ヘクタールで町全体の三〇％を占める。一方、農地（田一〇九ヘクタール、畑七四ヘクタール、二〇一〇年）のほとんどは低地部にあり、推定被害面積率は九三・四％で、被災自治体の中で最も高い(2)。

七ヶ浜町の水田の灌漑排水システムは、その地形ゆえに独特である。まず灌漑については、半島状の町には水源として利用できるような河川がないため、水田上部に貯水池（あるいは貯水槽）を設け、それを水源としている。そして用水量の不足を補うため、排水の一部を水田下部の貯水池に溜めて、揚水ポンプにより水源（貯水池、貯水槽）に循環補給するシステムになっている。また排水については、低地部の水田を中心に慢性的な排水不良地域を抱えており、潮位差を利用した自然排水と、機械排水を併用している。

七ヶ浜土地改良区では、揚排水ポンプ九機、排水ポンプ五機を運用・管理するため、被災前の経常賦課金は一〇アール当たり六五〇〇円と高めであった。そして今回の地盤沈下によって地域の排水機能がさらに悪化していたのである。

(2) 七ヶ浜支援の経過

①支援要請をきっかけに

七ヶ浜町において、筆者らが被災農業者による農地・農業水利施設の復興構想策定を支援するきっかけとなったのは、町議会議員二名の連名による支援要請文（二〇一一年四月二七日付）が（筆者が当時所属していた）農研機構農村工学研究所（現、農研機構農村工学研究部門）に届いたことである（表4-1）。

支援要請文には、①震災からの復興活動において農業再建にまではなかなか手が回らないこと、②地盤沈下がひどく（四〇〜五〇センチ）、営農環境を整えるためには治水と利水の両面からの検討が必要であることが述べられた後、「農業従事者参加による復興計画策定に関する技術的支援」が要請されていた。

支援を依頼する対象として筆者らに白羽の矢が立ったのは、要請文の送り主が農研機構のホームページを閲覧し、岩手県大船渡市吉浜における農地復興計画策定支援の活動内容を見たからだという。ちょうどその

表 4-1　七ヶ浜支援の経過（2012 年 4 月～12 月）

月日	支援活動の内容
4 月 27 日	七ヶ浜町議（2 名）からの支援要請
5 月 15 日	支援内容の打ち合わせ
5 月 16 日	現地調査（被災状況全般）
5 月 30 日	第 1 回懇談会（農業復興に向けた課題と構想の抽出・整理）
6 月 12 日	第 2 回懇談会（農業復興構想案の作成）
7 月 12 日	現地調査（排水状況）
7 月 24 日	現地調査（計測機器の設置）
9 月 5 日	町議会産業建設委員会における話題提供（6 次産業化に向けて）
9 月 5 日	第 3 回懇談会（排水・用水計画に関する勉強会）
9 月 20 日	町との打ち合わせ
10 月 17 日	第 4 回懇談会（排水・用水計画案の検討）
10 月 30 日	町に要望書を提出
12 月 19 日	第 5 回懇談会（排水・用水計画案の検討、2012 年のとりまとめ）

頃、筆者らは吉浜において、景観シミュレーションや津波浸水シミュレーションによって被災住民自身による復興計画案の策定を技術的に支援していたことは、第一部（減災空間編）で述べてきたとおりである。

②まずは「担い手農家」を対象に

七ヶ浜町において農地や農業水利施設の復興計画を農業者自身が策定していく手順を、要請文の送り主と打ち合わせたとき、同町では被災前から一〇名の担い手農家が町全体の農地の約六割を耕作していると聞いた。そこで、これらの担い手農家を対象にワークショップを実施し、まずは現状の問題点を洗い出し、七ヶ浜農業の将来像を描いてもらうことが妥当と判断した。地域の農業復興構想を策定していくためには、もちろん担い手農家だけではなく、担い手農家に農地を預けている農地所有者もいずれは含めて議論しなければならないが、まずは将来も七ヶ浜農業を背負っていくと思われる担い手農家に七ヶ浜農業の未来を語ってもらおうと考えたのである。

また要請文の送り主である二名の町議会議員のうち一名が七ヶ浜土地改良区の役員であったため、ワークショップに参加する「担い手農家」グループを土地改良区の諮問委員会として位置づけ、それを「明日の七ヶ浜農業を考える会」と名づけた。これは、農地や農業水利施設の復旧・復興が中心的なテーマであることや、ワークショップの成果を行政機関に受け渡していく筋道として、土地改良区の諮問委員会という位置づけが妥当であろうと、筆者らが考えたためである。筆者らは、行政サイドの復旧・復興の動きを横目で見つつも、専門家として助言を行いながら、被災農家自身による復興構想づくりを支援することとなったのである。

③懇談会の実施

「明日の七ヶ浜農業を考える会」は、二〇一一年五月～十二月末までに五回の「七ヶ浜の農地復興に向けた懇談会（以下、懇談会）」を開催した。最初の二回は、七ヶ浜町の農地や農業水利施設、そして農業の復興に向けて、全般的な構想づくりを行うためのワークショップで、後の三回は排水・用水問題をテーマにしたいわば「学習会」である。

第一回懇談会（五月三十日、地元参加者九名）では、町全体を「阿川沼・下田班」、「花渕浜・吉田浜・代ヶ崎浜班」という地区別に二班に分け、班ごとに被災状況や復興のためのアイデアを付箋紙に記入してマップの上に貼り付けて「被災状況・構想マップ」を作成した。その後、二つのマップの内容を統合して町全体の「復興構想案」として整理した。復興のアイデアについては、①取り急ぎ復旧・復興事業に活かすべき事項と、②将来を見越して考える事項を出してもらった。こうしたのは、復旧・復興後の長い目で見た地域の将来像を描いておいた方がよいと判断したためである。

第二回懇談会（六月十二日、地元参加者一〇名）では、第一回懇談会で作成した「被災状況・構想マップ」と「復興構想案」に追加・修正し、「七ヶ浜農業復興構想案」としてブラッシュアップした。各班に分かれて追加・修正事項の検討に入る前に第一回懇談会の「振り返り」を行ったが、前回出された復興のアイデアのいくつかの景観シミュレーションを作成して映写し、参加者の理解促進、情報共有に努めた。こうしたのは、岩手県大船渡市吉浜において景観シミュレーションを用いて復興後の地域の姿をビジュアライズしたことが被災者相互の理解促進につながったため、宮城県七ヶ浜町でも用いてみたのである。

そして二回の懇談会において農業復興上の重点事項として集約されたのが「地盤沈下対策」と「排水強化対策」であったため、第三回以降の懇談会では「排水・用水問題」をテーマに取り上げた。懇談会の進め方としては、まず七ヶ浜町の被災状況に即して専門家から用・排水計画の設計要件に関して事例を示しながら話題提供を行い、次に質疑応答を行った。これは、担い手農家自身が用・排水計画の設計要件を明らかにすることは技術的に困難であったため、専門家がまずプロトタイプを示し、それに対する意見を求めることで、参加者の要望を汲み上げて設計に反映させることを狙ったものである。ソフトウエアエンジニアリングでいえば、プロトタイプ手法に相当する。

第三回懇談会では、用・排水計画の専門家から、オランダのポルダーにおける地下水管理の方法に関する話題なども交えながら、地盤沈下した地域における排水対策に関する話題提供を行った。また第四回、第五回懇談会では、七ヶ浜町の地区ごとの用・排水計画案を具体的に提案して内容を検討することによって、七ヶ浜町における用・排水対策に関する参加者（担い手農家）の理解を深めた。

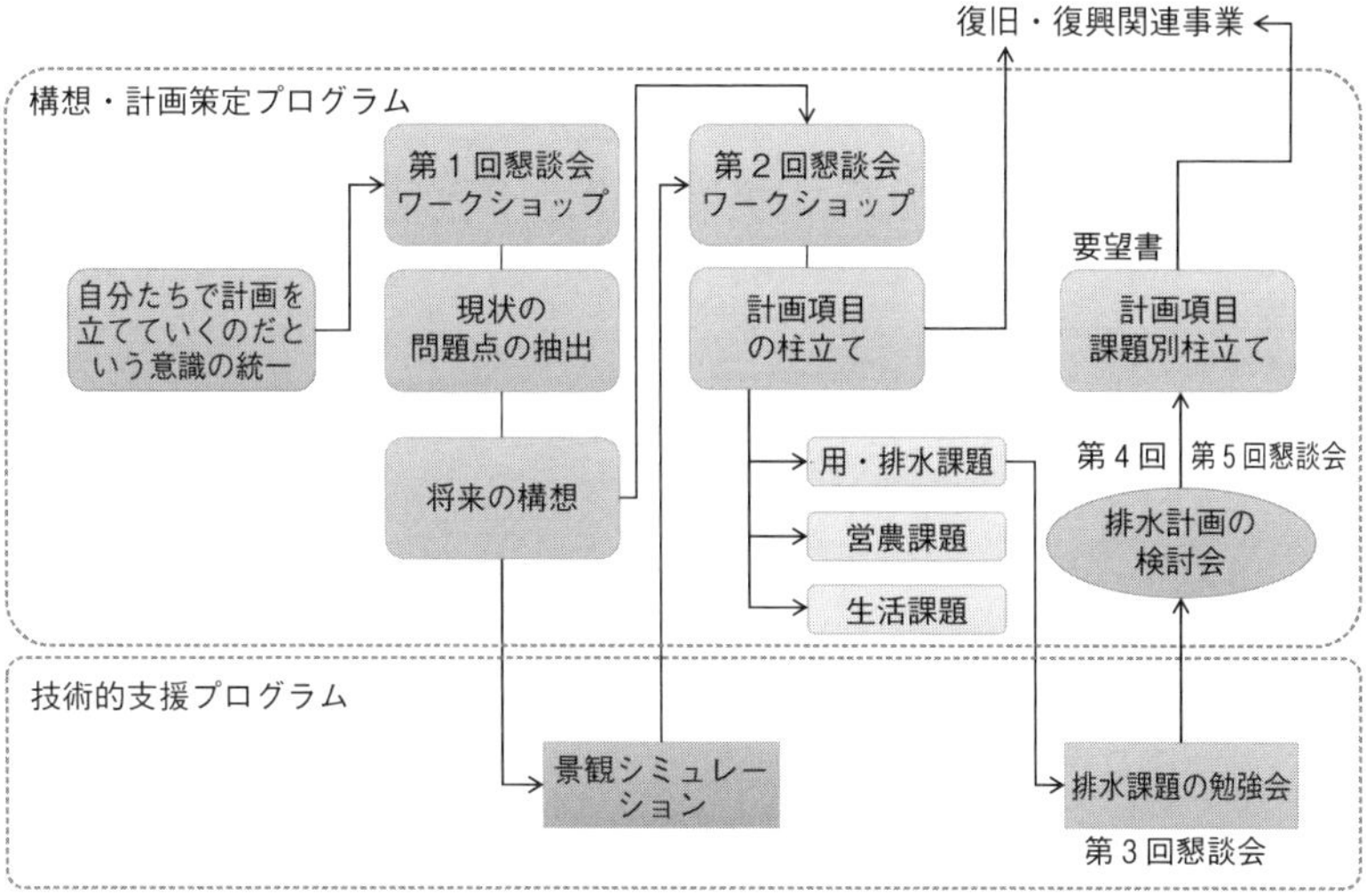

作成：山本徳司氏

図4-2　七ヶ浜町で実践した参加学習型復興計画策定プロセス

七ヶ浜町において実施した「参加学習型復興計画策定プロセス」を整理すると図4-2のようになる。「構想・計画策定プログラム」と「技術的支援プログラム」の二層構造になっているのが特徴である。このようなプロセスをとったのは、災害からの復興構想・計画を住民主体でつくっていく場合、住民の思いだけではなく、防災や減災、排水メカニズムなどに関する科学的知見による技術的支援が必要だったからである。

(3) ワークショップの成果――七ヶ浜農業復興構想案

それではワークショップ（第一回、第二回懇談会）の成果を紹介しよう。図4-3、図4-4は、「阿川沼・下田班」と「花渕浜・吉田浜・代ヶ崎浜班」が作成した「被災状況・構想マップ」である。

七ヶ浜町の農業復興のためにすぐさま解決すべき問題として、①ヘドロが阿川沼にたまっている、

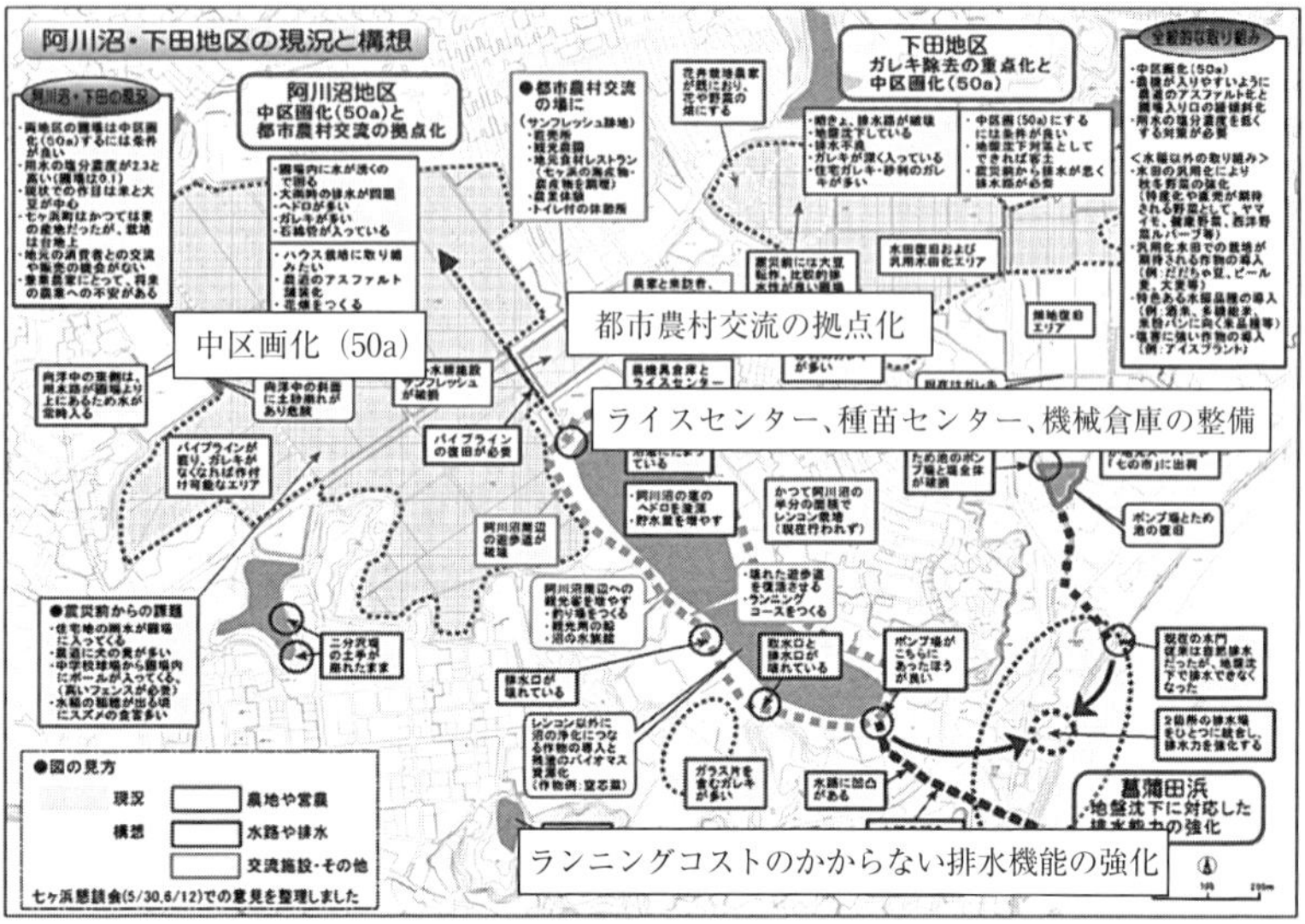

図 4-3　被災状況・構想マップ（阿川沼・下田班）

②用水の塩分濃度が高い、③ガラス片を含むガレキが多い、④従来は自然排水だったが地盤沈下で排水できなくなった、などが挙げられた。津波被災地の農業復興にむけての課題が、参加者（担い手農家）から改めて提出されたのである。

そしてワークショップ参加者が作成した「被災状況・構想マップ」の構想部分を「七ヶ浜農業復興構想案」として「言語化」し、その要点を骨子として「文章化」し、次のようにまとめた。

七ヶ浜農業復興構想案の骨子

【全町的な取り組み】

①できるだけ速やかに高度なガレキ処理と除塩を完了させる。

②農地の区画を原則として五〇アール程度の中区画にし、可能なところは一ヘクタール程度の大区画化をはかるなど、高度な基盤整備を

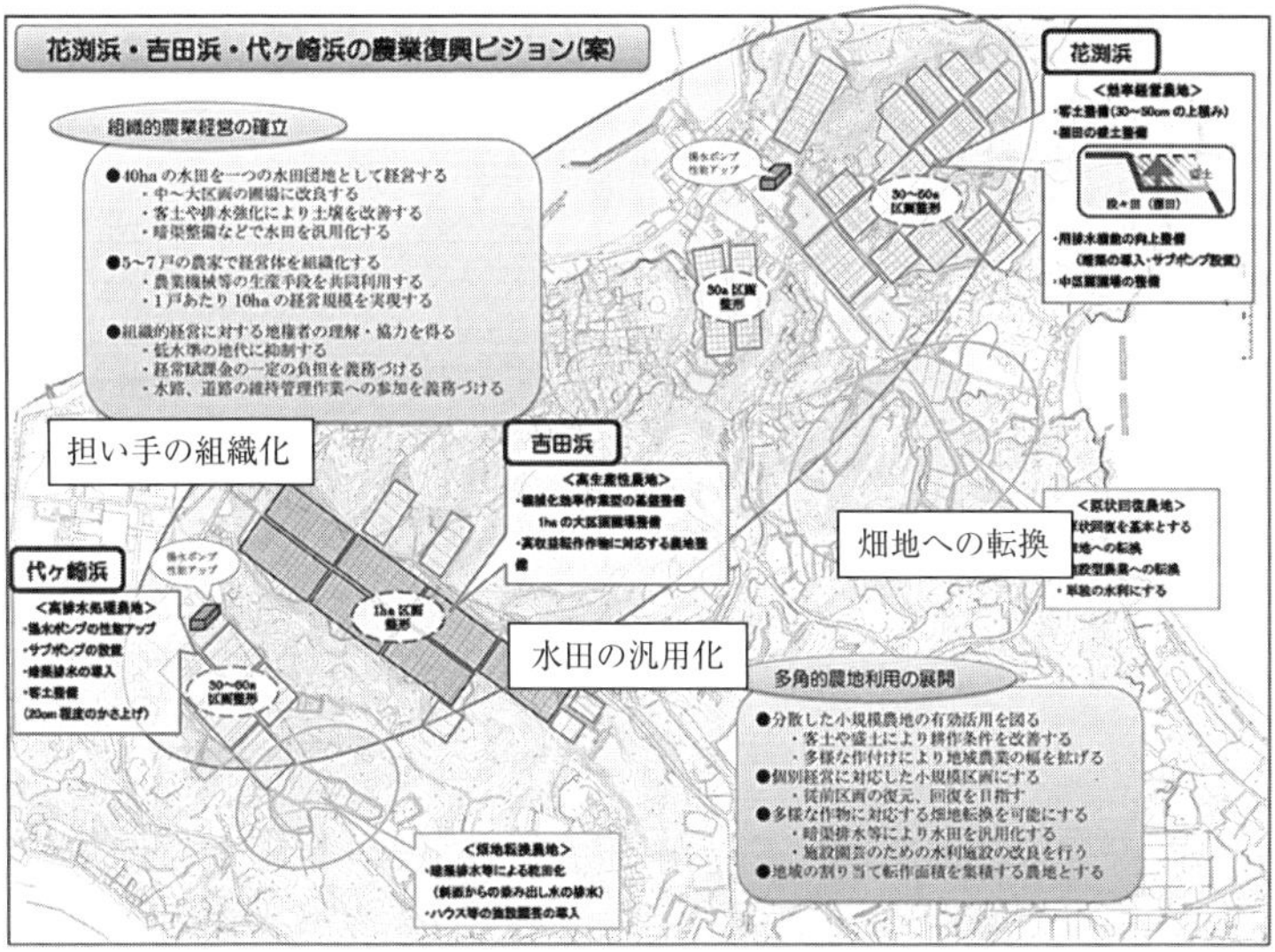

花渕浜・吉田浜・代ヶ崎浜の農業復興ビジョン(案)
組織的農業経営の確立
●40haの水田を一つの水田団地として経営する
・中～大区画の圃場に改良する
・客土や排水強化により土壌を改善する
・暗渠整備などで水田を汎用化する
●5~7戸の農家で経営体を組織化する
・農業機械等の生産手段を共同利用する
・1戸あたり10haの経営規模を実現する
●組織的経営に対する地権者の理解・協力を得る
・低水準の地代に抑制する
・経常賦課金の一定の負担を義務づける
・水路、道路の維持管理作業への参加を義務づける
花渕浜
担い手の組織化
吉田浜
代ヶ崎浜
畑地への転換
水田の汎用化
多角的農地利用の展開
●分散した小規模農地の有効活用を図る
・客土や盛土により耕作条件を改善する
・多様な作付けにより地域農業の幅を拡げる
●個別経営に対応した小規模区画にする
・従前区画の復元、回復を目指す
●多様な作物に対応する畑地転換を可能にする
・暗渠排水等により水田を汎用化する
・施設園芸のための水利施設の改良を行う
●地域の割り当て転作面積を集積する農地とする

図 4-4　被災状況・構想マップ（花渕・吉田・代ヶ崎班）

目指す。また農道は舗装する。

③農業の担い手の組織化を進めながら、効率的な利用ができるようにライスセンター、種苗センター、機械倉庫を整備する。

【地区ごとの取り組み】

〈阿川沼地区〉

①地盤沈下にあわせて排水ポンプの性能を強化する。ただし経常賦課金の増加を抑制できるようなシステム（たとえば複数ポンプによる弾力的運用）にする。

②阿川沼を浚渫した上で、阿川沼周辺を整備し（たとえば、阿川沼周辺の遊歩道整備、トマトハウス跡地を農産物直売所などに）、都市農村交流の拠点とする。

〈下田地区〉

①地盤沈下した農地を客土する。

②地区から強制排水できるように排水機場を整備する。整備する排水機場は維持・管理コス

トのかからないシステムとして、経常賦課金の増加を抑制する。

〈花渕浜〉

①地盤沈下した農地は客土により嵩上げするとともに、ポンプ性能の強化により、排水機能を向上させる。ただし維持管理コストを抑制できるようなシステムにする。

②規模が小さく分散した農地については、原状回復にとどめるか、畑地に転換する。

〈吉田浜〉

①機械化作業による効率的営農が可能なように大区画（一ヘクタール）圃場にする。

②高収益転作作物が導入できるように水田を汎用化する。

〈代ヶ崎浜〉

①客土し、排水ポンプの性能を向上させる。ただし維持管理コストを抑制できるようなシステムにする。

②耕作条件の悪い圃場については、施設園芸や畑地への転換が可能な整備（たとえば暗渠排水の整備など）をする。

このように図面上に表現された構想を骨子として「言語化」「文章化」しておいたのは、筆者らが七ヶ浜町支援より先んじて行った大船渡市吉浜支援（第一部（減災空間編））の現場において、被災住民によって作成された図面上の計画を「言語化」「文章化」したことの効果（羅針盤効果）が高かったからである。

この七ヶ浜農業復興構想のアイデアを達成時期ごとに整理すると、取り急ぎ復旧・復興事業で取り組むべき短期的事項としては、「除塩」、「高度なガレキ処理」、「農地の中区画化、大区画化」、「ランニングコストのかからない排水機能の強化」などが出され、中・長期的事項としては、「都市農村交流の拠点化」、「担い手の組織化」などが出されたこととなる。

また海側にあり、もともと条件の悪かった農地に関しては、農業者自身によって粗放的な利用に転換するアイデアも出され、それらの農地が画定されている点にも注目すべきであろう。ワークショップの参加者（担い手農家）には当該農地の所有者に対する配慮もあって、成果品である構想マップや骨子の文言には「畑地に転換する」という穏当な表現を用いているが、実際のところ「もう元の農地に戻さなくても良いのではないか」という含意があったと記憶している。

民俗学者の赤坂憲雄は、その著書『3・11から考える「この国のかたち」―東北学を再建する』(3)において、福島県南相馬市を繰り返し訪問して復興を考える中で、かつての潟を食糧増産目的で干拓して造成したような農地については、「水田への復旧のシナリオには、すでにリアリティが失われている」、「排水施設を整備する、瓦礫を撤去する。塩抜きを行う、圃場整備をする、といった復旧事業には、莫大な資金と労働力が求められる。そのうえに、ここは福島第一原発から一五キロメートルほどの距離であり、降り積もった放射性物質の除去という困難な課題が待ち受けている」と述べ、「一〇〇年前の潟の風景へやわらかく回帰するシナリオだってあっていい」、「潟環境を再生するプロセスのかたわらで、風力発電や太陽光発電などの再生可能エネルギーのファームとして利用することもできる」、「かつての入会地の思想を復権させて、土地所有者たちは潟を舞台とする再生可能エネルギー事業に株を取得して参加すればいい」といったシナリオを復興シナリオの一つとして提案している。

赤坂が提案したシナリオは福島県南相馬市を想定したものであるため、「放射性物質の除去」といった事情が入ってくるが、赤坂の震災関連の論考を集めた『震災考─2011.3-2014.2』[4]においても随所に「潟への回帰」が語られており、おそらく福島県以外の津波被災地においても、「潟への回帰」、「再生可能エネルギー・ファームとしての入会地」というシナリオを選択することがあってもよいと考えていたのではないかと思われる。

東日本大震災のような大災害からの農地・農業水利施設の復旧・復興にあたっては、「莫大な資金を投入して元の農地に戻すことをしない」というシナリオも、選択肢の一つであると筆者も考える。ただし、どの地域（どの農地）をどのシナリオ（元の農地に戻さないことも含めて）で復旧・復興するのか、それをどのような方法で誰が決めるのかが肝要である。筆者は、それを決めるのはもちろん当該農地を耕作する農業者であり、その地域に暮らす生活者であると考える。七ヶ浜町で担い手農家によって作成された構想に「粗放的な利用を行う農地（もう元の農地に戻さなくても良い）」が「参加学習型復興計画策定プロセス」によって画定されたことは、そのことが可能であることを示している。

(4) 地盤沈下と排水機能

ワークショップ（第一回、第二回懇談会）において参加者から出された課題の中でやはり注目されるのは、「ランニングコストのかからない排水機能の強化」である。これは地盤沈下に対する担い手農家の問題意識を一言で言い表したものである。

農地や農業水利施設の東日本大震災からの復旧・復興を考えていく上で、地盤沈下が大きな問題であることは前述したとおりである。地盤沈下は農地の排水機能の低下に直結し、被災地における農業復興の大きな障害となりうる。筆者らが町議会議員から受け取った依頼文書にも、七ヶ浜町でも地盤沈下がひどく（四〇～五〇センチ）、地域の農業再建には排水の問題が大きな課題であることが書かれていた。

七ヶ浜町における構想づくりワークショップ（第一回、二回懇談会）に引き続いて行われた排水・用水問題に関する勉強会（第三～五回懇談会）では、「ランニングコストのかからない排水機能の強化」の方策に関して次のように整理された。

①客土で嵩上げできるところは客土する。

②自然排水部分をできるだけ大きくし、機械排水する部分をできるだけ小さくするような排水計画を策定する。

③機械排水の場合でも、太陽光発電など、再生可能エネルギーを活用してランニングコストを抑制する。

右の勉強会でも整理されたように、地盤沈下対策の第一は客土による地盤の嵩上げである。しかし第一部（減災空間編）で紹介した岩手県大船渡市吉浜の場合とは異なり、宮城県南部の平野の地盤沈下面積を埋める分の土がないのが実情である。そして客土が困難な場合、第二の対策として地域の排水機能を強化せざるをえないのである。

地域の排水機能の強化とは、①これまで自然排水の地域でも沈下して海面下になった場合、ポンプによる機械排水が必要となること、②これまで機械排水の地域でも、沈下した分、排水ポンプの能力増強が必要となることをいう。実際、東北農政局管内の直轄災害復旧事業地区では、計画排水量を被災前より一二〇～一九二％に増加させている。(5)

そして本章の冒頭で述べたように、排水機能の強化は「誰がどれくらい費用を負担するのか」といった費用負担のあり方によっては、農業経営コストに大きな影響を及ぼす。排水ポンプの規模が大きくなり、運転時間が増えれば、排水コスト（ポンプを運転する電気代あるいは重油代）が増加する。排水コストの増加は土地改良区の経常賦課金の上昇につながり、経営コストを増加させる。そして経営コスト増加のダメージは、もし増加分を耕作者側が負担するとなれば、大規模専業農家である担い手農家にとってより大きなものとなる。震災を契機に離農者も増加しており、担い手農家への農地集積の加速化が予想されている。担い手農家が経営規模を拡大させた場合、排水機能の強化による経営コストの増加は、被災地の農業を背負っていく経営体の持続的発展にとって、ひいては被災地の農業の今後の展開にとって大きな阻害要因となりうる。地盤沈下地域において「ランニングコストのかからない排水機能の強化」は、被災地の農業復興にとって切実な問題なのである。

さて、流域内で自然排水可能な面積を拡大する方策として、①大潮満潮位よりも標高の高い農地に関しては自然排水できるように排水路を配置することや、②用排水系統の下流部にあり、貯水池の機能も果たしていた阿川沼の水位を海面（大潮満潮位）よりも高くすることなどが検討された。具体的には、後者では、阿川沼の周囲に堰堤を築いて水位を上げて海面より沼の水位を高くして、沼から海へ自然排水する方法を検討した。この方法では、沼に貯水された淡水の地下浸透圧力による海からの塩水浸透防止も期待できる。さらに沼の水位を上げれば貯水量も増加するため、貯水池としての機能も増強されて用水不足の解消にもつながる。

これはあくまでも被災農業者が地域の排水計画を検討していく上での「たたき台」の一つにすぎないが、このような具体的な案を提示しながら「ランニングコストのかからない排水機能の強化」に関して参加者の理解を深めようと試みたのである。

(5) 原形復旧工事が急速に進む

これまで記述してきたように、地元（町議会議員二名）からの要請を受けてはじめた七ケ浜農業復興構想づくりであったが、第五回懇談会（二〇一二年十二月）を実施した時点で、すでに農地と農業水利施設の原形復旧の工事が急速に進みはじめていた。原形復旧の工事とは、被災前の姿に区画も排水システムもそのままの形に戻すという工事である。被災を機会に、排水条件を改良したり、圃場を大きくしたりして、七ケ浜農業をよりよく復興しようということで復興構想を担い手農家参加の懇談会（ワークショップ）において策定していたのであったが、構想が活かされることなく復旧工事が始まってしまった。この当時の筆者らの認識を、まさにこの時点で執筆した論考(6)の「まとめ」の部分をそのまま引用することによって示しておく。

本稿執筆時点（二〇一二年十二月）では、七ヶ浜町の農地と農業水利施設の復旧工事が急ピッチで進んでいる。どうやら七ヶ浜町では、取り急ぎ原形復旧していく途を選択したようだ。なるべく早く被災前の姿に戻したいという被災地の願いはよく理解できる。また、時間の経過とともに、原形復旧を急ぐ雰囲気が強くなったように感じる。

ただし、懇談会（ワークショップや勉強会）では、参加者の担い手農家から「地盤沈下による排水機能の低下」への懸念が強く出された。災害復旧事業の原則に基づいて原形復旧された農地や農業水利施設が、被災前と同じように機能・効用を回復するのかどうか心配である。振り返ってみると、筆者らが要請を受けて、被災農業者による復興構想づくりを支援しはじめたのは、このまま原形復旧されても地盤沈下対策など重要な問題が解決されずに残ると感じたためであった。

第一、二回の懇談会で作成された「被災状況・構想マップ」や「七ヶ浜農業復興構想案」の復興事業への受け渡しは（いまのところ）実を結んでいないようだ。第五回懇談会（二〇一二年十二月十九日）において、参加者からは「作成した構想は将来必ず活きてくる」という発言があった。「中区画化」や「都市農村交流の拠点化」、「担い手の組織化」などのアイデアが、次の段階で活かされることを期待している。

被災地の復興計画策定に関しても住民が参加し、学習し、理解して合意形成するプロセスが重要であると考える。この点は平常時の地域づくりと何ら変わりはない。しかし被災地の復興計画づくりが、平常時の地域づくりにおける構想・計画策定と異なる点があるとすれば、それは大がかりなハード事業（どうしても行政主導になりがち！）が必ず絡んでくるということと、それがある時点から急速に現実化されていくということである。「被災住民とともに考えているうちに、ずいぶん外堀が埋まってしまった」という感じである。被災地における被災住民主体の計画づくりの難しさの一つがここにある。

引用にもあるように、「明日の七ケ浜農業を考える会」が作成した「被災状況・構想マップ」や「七ヶ浜農業復興構想案」はその時点では実を結ばなかった。最後の懇談会（第五回）において参加者から出た「作成した構想は将来必ず活きてくる」という発言どおり、構想が何年か後で活かされることを祈りながら筆者らは、一旦、七ヶ浜町を後にした。その後、縁あって「明日の七ヶ浜農業を考える会」の懇談会（ワークシヨップ）は、二〇一五年に「七ヶ浜の農地集積と水利施設の維持管理に関する懇談会」として再開されることとなるが、そこで検討された課題（農地集積と資源管理の問題）は第五章にゆずることとし、次に二〇一三年時点の宮城県亘理町における担い手農家の座談会で担い手農家から発せられた「生の声」に耳を傾けてみよう。この座談会こそが、第二部（水田農業編）の冒頭に紹介した発言のあった座談会なのである。

2　復興した農地を誰が耕作するのか？

二〇一三年度のはじめに宮城県名取市、岩沼市、亘理町において、宮城県仙台地方振興事務所の主導で関係市町と連携し、担い手農家の座談会が開催された。その中で亘理町では、二〇一三年四月二十二日〜五月一日までの間に、地区別に座談会が四回開催された。同町で実施された座談会では、「担い手農家はどれくらいまで規模拡大できるのか」をメインテーマにしつつ、津波被害からの農業復興に関して参加者に自由に語ってもらうことを主旨としている。

亘理町において座談会のメインテーマが「農地集積」になったのは、被災後、離農者の増加が予想されていたためで、「津波被災農地が大区画化されて復興したとしても、これらの農地が残らず耕作されるのか」という点が大きな問題として浮上していた。座談会の司会をつとめた宮城県担当者が「平時なら一〇年かかることを三年でやらねばならない」と述べていたことにも表れているが、担い手への農地集積を加速化することが行政側としても重要な課題となっていたのである。一連の座談会は、担い手農家への農地集積を計画的に進めていくためのプロセスの一環と位置づけられよう。

ここでは、筆者がオブザーバーとして参加した二回の座談会（二〇一三年四月二十五日吉田南部・東部地区、二〇一三年五月一日吉田東部Ⅰ期・Ⅱ期地区）における担い手農家の発言内容を、農地集積に関する課題を中心に、課題ごとにたどってみよう。なお四月二十五日には担い手農家四名が、五月一日には三名が出席した。

(1) 規模拡大の限界はどれくらいか？

①水稲作の規模拡大限界

宮城県と亘理町の担当者から座談会に参加した担い手農家へ行った第一の問いかけは、農地が完全復興したという前提で、「復興事業で大区画化（一区画一ヘクタール）されるが、もっと規模拡大できないか。規模拡大できるとすれば、どれくらいまで拡大できるか」である。

それに対して担い手農家の一人からは、「多少は増やすことができるかもしれないが、基本は現状維持、一区画が一ヘクタールになれば確かに作業効率は良くなるが、夫婦二人では二〇～三〇ヘクタールが限界である」といった発言があった。座談会に参加していた他の担い手農家からも「一ヘクタール区画になったからといっても面積をそれほど増やせるわけではない、パイプライン灌漑の導入によって水管理は楽になるが、やはり二〇～二五ヘクタールくらいまでが限界だ」という内容の発言が続いた。

たとえ一ヘクタールの大区画の農地として復興したとしても、大幅な規模拡大が困難である理由として、担い手農家が挙げていたのは次の点である。

①耕作する圃場がまとまっておらず、分散している。

②農地所有者から頼まれれば、大きな区画ばかりでなく、小さな区画や、圃場整備していない農地も引き受けざるを得ない。
③乾燥機など、規模拡大に合わせて機械装備を増やさなければならない。
④区画を大きくしたり、農業機械を大型化したりしても、半月間で終えなければならない収穫作業面積には自ずと限界がある。

これらを見ると、圃場の分散、地域社会の人間関係、機械装備、作業適期といった要因が耕作限界規模を規定していることがわかる。

一方で、次の発言をした担い手農家もいた。

「トラクターが二台あるので、人を雇ってパラレルにやれば四〇～五〇ヘクタールくらいはできる。」

もちろん、この発言と先程の「二〇～三〇ヘクタールが限界である」と述べた農家の発言とは矛盾していない。一経営体あたりの耕作限界規模には二倍程度の開きがあるが、実は両者の農作業ユニット数が異なるのである。というのは、「二〇～三〇ヘクタールが限界である」と発言した農家は、「夫婦二人では…」と述べているように典型的な家族経営であり、農作業ユニット数は一であるのに対して、「トラクターが二台あるので…」と発言した農家の農作業ユニット数は二である。つまり一農作業ユニットあたりの耕作限界規模は二五ヘクタール程度であり、一経営体あたりの農作業ユニットを複数（n）にしていけば、n×25ha ぐらいまで一経営体あたりの規模拡大は可能ということになる。

②畑地の担い手確保

そしてさらに課題としてクローズアップされたのが、亘理町の海側にある約四〇ヘクタールの畑地の担い手の確保に関して、である。

海側の畑地では、被災前はイチゴが栽培されていた。イチゴ栽培については、被災後、陸側のイチゴ団地で行われるようになるため、復旧・復興された海側の畑地では、普通畑作物が作付けられる予定で、その担い手の確保が問題となったのである。地域の担い手農家が、水田とともに畑地を数ヘクタールずつ引き受けることは、畑作用の農業機械を新たに導入しなければならないし、栽培時期が重なる作物を作付ければイチゴ栽培に支障をきたすため、なかなか困難なことであった。また普通畑作物の導入によって、水稲作の耕作限界規模も小さくなることが懸念されていたのである。

これに関しては、座談会参加者から「普通畑作専業の経営体を育成する必要がある」といった発言があった。彼らがいう「普通畑作専業の経営体の育成」とは、彼らのような「地域内の経営体を育成していく」というのではなく、「外部から新たな経営体が参入してくることへの期待」を意味する。つまり、これらのやりとりから明確になったことは、海側の畑地は、座談会に参加者した地域の担い手農家も「できれば耕作したくない農地である」という点である。七ヶ浜町のワークショップでも、一部の農地に関しては「もう農地に戻す必要はないのではないか」という意見が参加者（担い手農家）から出されていた。「もう元に戻す必要はない」と地域の担い手農家も認識しているような農地が実際存在し、そういった農地が再び整備されようとしており、そうやって復活させた農地を「誰が耕作するのか」という問題が、これから地域の農業を背負っていかなければならない担い手農家にのしかかっていたということになる。

(2) 集落の力をかりないと農業はやっていけない

①当事者意識の希薄化

担い手農家への農地集積の方法としては、①売買（所有権の移転）によるもの、②賃貸借によるもの、③農作業受委託によるものがある。実態は、一つの経営体の中でも、賃貸借（とくに利用権設定によるもの）を中心としつつ、これらは混在している。座談会において、農地集積方法と農業水利施設の維持管理に関連して、次のような発言が出てきた。

「農地を担い手農家に預けてしまった人たちも、草刈りには（農地の所有者だから）出てくる。もし農地を売却して所有者でなくなったら、草刈りにも出て来なくなるだろう。」

ここでいう「草刈り」とは、農業水路の法面の草刈りのことである。水田における耕作自体は、担い手農家に任すことができても、農業水路の法面の草刈りや、泥さらいなどの維持管理作業については、担い手農家だけで行うことは困難である。そして当該農地の所有者であれば、農業水路法面の草刈りや、泥さらいなどの維持管理作業にも参加するが、所有権移転による集積が進んでしまって農地所有者ではなくなってしまうと、水利施設との関係性が無くなり、当事者意識も無くなり、維持管理作業には出てこなくなり、担い手農家に農業水利施設の維持管理作業の負担が集中してしまうというのである。

農地所有者が農地の所有権を手放せば、当然のことながら農地および農業水利施設への関心が無くなってしまうが、所有権を移転させないまでも、賃貸借で耕作を担い手農家に委ねてしまっても、所有農地周辺の農業水路の維持管理の責任が農地所有者側にあるのか、耕作者側にあるのかによって農地所有者の農業水路の維持管理に関する当事者意識は異なってくる。もし後者であれば、農地所有者の所有農地および農業水利施設への関心は相当稀薄になることが予想され、そうなれば、地域の農地を一手に引き受ける担い手農家に農業水路の維持管理の負担までも集中し、このことにより、先ほど論じていた担い手農家の耕作限界規模はさらに制限を受けざるをえないのである。

②小規模農家に支えられる大規模農家

座談会では、この点に関連して、第二部（水田農業編）の冒頭にも紹介した次の発言があった。

「大規模農家は小規模農家によって支えられている。大規模農家だけ育成しても仕方がない。」

「集落の力をかりないと農業はやっていけない。」

宮城県の津波被災地では、一ヘクタールに大区画化された農業基盤の上で、担い手農家への農地集積が加速化されようとしていた。しかし座談会に出席した担い手農家の発言にもあるように、担い手農家（大規模経営）だけでは地域の水田農業は成立しないと、担い手農家（大規模農家）自身が認識していたのである。

これに関連して次のような意見も出された。

「住居を地区外に移転させた人は、たとえ農地所有者でも、農地から離れてしまっているため、管理作業に出てこなくなるだろう。」

津波で住居が流失したり、海側から陸側へ住居を移転したりして居住者がいなくなり、地域社会の維持そのものが困難な地域も出てきている。そうした地域では、地域社会がそれまで果たしてきた農業水利施設の維持管理機能の喪失が懸念されている。

一方、少数の担い手農家へ農地を集積するのとは別の方策を提案する意見も出された。

「一人の農家に農地を集めるよりは、集落に機械や労働力を集める方向も考えた方が良い。」

これは、地域社会全体で農地の利用管理や農業水路の維持管理をめざす集落営農組織を構築したほうが良いという考え方である。

(3) そもそも農地は元に戻るのか

①失われた表土

亘理町における担い手農家の座談会は、そもそも「農地が完全復興したことを想定して」という前提条件をおいての議論であった。しかし座談会の終盤にさしかかると、参加者からは「そもそも農地は元に戻るのか」という議論の前提条件に対する疑問が呈せられた。

特に「粘土による客土をしてほしい。砂では苗が刺さらない」という要望が強く出され、また「客土したとしても、田がぬかるみになるのには一〇年かかる」という発言があった。これらは、津波による流失や、除レキ作業によって、農地の表土が失われことに対する発言である。客土は地盤沈下だけの問題ではなく、作土の問題でもあった。

②地盤沈下と排水問題

筆者は座談会の中で、七ヶ浜町のワークショップで浮かび上がった課題、すなわち「地盤沈下に対応した排水機能の強化が、担い手農家の経営コストを引き上げるのではないか」という懸念を参加者（亘理町の担い手農家）にぶつけてみた。

それに対する担い手農家からの回答は、「気にするほどの増大にはならないだろう」とのことであった。ちなみに亘理土地改良区の標準的な経常賦課金は（被災前でも）一〇アール当たり七〇〇〇円で、これは決して低くはない水準である。したがって、もし排水機能の強化によって排水ポンプの運転コストが上がり、これ以上経常賦課金が上がるようであれば、担い手農家にはかなりの負担になるはずである。

ところが亘理町周辺で経常賦課金を負担しているのは、一般的には農地所有者の方で、農地の借り手（担い手農家）ではないとのことである。もしそうであれば、排水機能の強化による経常賦課金の上昇が担い手農家の経営コストを直接引き上げることはない。ただし、経常賦課金を農地所有者が負担している多くの場合、その分だけ、担い手農家（借り手）から農地所有者に支払う地代（賃借料）を引き上げることに作用するはずである（経常賦課金分の地代への転嫁）。しかし亘理町では経常賦課金分の地代への転嫁は行われないだろうということであった。というのは、亘理町周辺では地代の物納（地代をコメという現物で納める、一〇アール当たり一俵が多い）が慣習となっており、それゆえ土地改良区の経常賦課金を農地所有者側が負担することが地代水準を経常賦課金分引き上げることには直接つながらないというのである。さらに亘理町役場から亘理土地改良区に一定程度の金額が支払われていることも、排水機能の強化がダイレクトに担い手農家の経営コストを引き上げることにつながらない要因となっている。これは、亘理町には地域の排水を担う規模の河川がないため、雨水など農業以外の排水にも農業排水路や排水ポンプを利用している部分の費用負担を行政側が行っているためで、これによって農家負担分を下げることができるのである。これらの要因が重なって、座談会において担い手農家の「気にするほどの増大にはならないだろう」という発言につながったものと思われる。

したがって七ヶ浜町のケースでも述べたように、排水機能の強化は、「誰が費用をどのように負担するのか」という費用負担のあり方によっては、担い手農家の経営に大きな支障をきたす。したがって「ランニングコストのかからない排水機能の強化」を実現する方法としては、ハード面ばかりではなく、費用負担のあり方というソフト対策も充分考慮に入れる必要があることが、亘理町の座談会において、より明確となったのである。

(4) 近未来ではなく現実の問題として

第二部（水田農業編）の冒頭でも述べたように、座談会における担い手農家の発言からは、被災による離農者の増加により急速に農地集積が進む津波被災地では、今後一〇年くらいの間に全国の農村が対峙していかなければならない様々な課題が、急に目の前に突きつけられた状況になっていることがわかる。

わが国の水田農業の近未来を、生源寺眞一は『日本農業の真実』において以下のように展望している(7)。

一〇ヘクタール程度の水田作農家を大規模農家などと表現すべきではない。このレベルの規模の農業経営について、これを標準的な農業と呼べる状態をつくりだすことこそが求められているのである。少なくとも数集落に一戸は専業・準専業の農家が活躍し、その周囲には兼業農家や高齢農家などがそれぞれにパワーに相応しい農業を営むかたち。これが近未来の水田農業の基本的なビジョンだと思う。もちろん、一〇ヘクタールを超えて規模を拡大する農家もあってよい。現に、数こそ少ないものの、都府県にも二〇ヘクタール、三〇ヘクタールといった規模の水田作農家は存在する。規模が拡がるにつれて、専従者の数が増加するのが普通であり、常雇いのかたちで雇用労働を導入している専業農家もある。

このような「近未来」に徐々に近づいていけばよかったのだが、津波被災地では、①大規模経営体（農作業ユニット1の家族経営〜農作業ユニットnの法人経営）、集落営農、小規模農家（兼業農家、高齢専業農家）がどのようにバランス良く共生していくのか、②津波被災地の地域社会の機能は、津波被害（及び住居の移転）によって大きなダメージを受けたといわれているが、いままで地域の共同作業によって行われてきた農業水利施設の維持管理をどうしていくのか（地域社会の機能的等価物をどのように構築していくのか）といった問題が、すぐさま対応しなければならない課題として突きつけられていたのである。

3 人を動かすことは難しい

七ヶ浜町のワークショップ（二〇一二年）や、亘理町の座談会（二〇一三年）に参加した担い手農家の発言内容から、（復興事業が本格的に実施されようとしていた当時の）津波被災地における農地・農業用施設の復興（ハード面）及び農業の復興（ソフト面）にむけての課題をまとめると、次のようになる。

①東日本大震災の被災地において広範に見られた地盤沈下は、農地の排水機能の低下に直結する。対策としては客土を行うのが第一であるが、それが困難な場合、排水ポンプの能力を増強させたり、運転時間を長くしたりするなど、機械排水の機能強化が必要となる。機械排水の機能強化は、それによって増加する燃料代（重油代、電気代）の費用負担のあり方（所有者負担か利用者負担か、自治体などからの公

的支援があるかないか）によっては農業経営コストの増加につながる。そして、その影響は大規模経営体（担い手農家）にとって、より大きなものになる。

②津波による流失や、除レキ作業によって、農地の表土（作土）が失われている。作土の回復には相当の時間を要する。客土は地盤沈下だけの問題ではなく、作土の問題でもある。

③もともと条件の悪い農地に関しては、大区画化など、高機能型基盤整備を行ったりせず、粗放的な利用に転換することも選択肢の一つである。

④大区画化など、高機能型基盤整備を実施して農地が復旧・復興したとしても、果たしてそれらの農地が残らず耕作されるのかというと、かなり危うい状況である。とくに海側にある畑地の担い手農家の確保・育成が大きな課題となっている。担い手農家への農地集積の加速化がはかられようとしているが、いま地域にいる担い手農家のさらなる規模拡大だけでは対応できない可能性がある。

⑤農業水利施設の維持管理の視点から見ると、大規模農家だけでは地域の水田農業は成り立たない。津波災害によって地域社会の資源管理機能が喪失した地域では、いままで地域社会の共同作業によって支えられてきた農業水利施設の維持管理システムと同等の機能を果たす仕組みを構築することが必要となる。

二〇一二～一三年当時、ハード面、ソフト面とも、被災地の農業が復興してゆくには多くの課題が立ちはだかっていた。①～⑤の課題も、それぞれで解決を試みるだけでは不十分である。これまでも述べてきたように課題相互が絡み合っている。これらの複雑な問題を解いていくためには、被災農業者相互の話し合いが不可欠なのであるが、それに関して亘理町の座談会に参加した担い手農家からは以下の発言があった。

「話し合いが必要なことはわかっている。しかし必要以上に義務を負いたくない。経営体を育成することは難しい。自分は何とでもなるが、人を動かすことは難しい。」

担い手農家自身が「話し合い」の場をコーディネートすることは、彼らに多くの負荷がかかることにつながり、難しそうである。七ヶ浜町における懇談会（ワークショップ）や、亘理町における座談会も、こうした「話し合い」の試みの一つなのであるが、行政担当者あるいは専門家などが、より一層、「話し合い」の場をコーディネートし、被災農業者の「参加」「学習」による復興計画づくりをサポートしていく必要がある。

（1）国土地理院ホームページ、http://www.gsi.go.jp/common/000059961.pdf（二〇一三年十月十八日確認）

（2）農林水産省ホームページ、http://www.maff.go.jp/j/press/nousin/sekkei/pdf/110329-02.pdf（二〇一三年十月十八日確認）

（3）赤坂憲雄『3・11から考える「この国のかたち」―東北学を再建する』新潮選書、二〇一二年、一七四～一九七ページ。

（4）赤坂憲雄『震災考―2011.3-2014.2』藤原書店、二〇一四年。

（5）小林厚司「農地・農業用施設の復旧の現状とこれから」農業農村工学会・東日本大震災からの復興に関する報告会『東日本大震災からの復興に向けて―農業・農村の現状と対策』二〇一三年、一～五ページ。

（6）福与徳文・山本徳司・丹治肇・重岡徹・唐崎卓也「地盤沈下地域における農地・農業水利施設の復興にむけて―宮城県七ヶ浜町における農業者参加による農業復興構想づくりから」『農村計画学会誌』三一巻四号、二〇一三年、五七六～五八〇ページ。

（7）生源寺眞一『日本農業の真実』ちくま新書、二〇一一年、一〇二ページ。

第五章　津波被災地における農地集積の〈納得解〉と〈最適解〉

1　ハードの復興が進んだ後で

(1)〈納得解〉と〈最適解〉

東日本大震災の津波被災地では、被害の大きかった農家が農地の出し手となり、担い手農家への農地集積が急速に進んだ。(1) これにより、結果として、担い手農家は規模拡大を遂げ、より効率的な経営体となり、それが地域の農業所得の増大につながっていくことが見込まれる。

担い手農家が農地集積を進めていくプロセスにおいては、①出し手（農地所有者）と受け手（担い手農家）との間で、②受け手（担い手農家）相互で、様々な点で利害の調整が必要となる。また、所有農地を耕作し続ける小規模な自作農も存在し、それら利害関係者の話し合いにより合意形成された現状〈納得解〉と、地域の農業所得を最大化する理想像〈最適解〉との間には、それなりのギャップが生ずるのが普通であろう。

そこで、急速に農地集積が進む津波被災地において、①地域で合意された〈納得解〉とは、どのようなプロセスを経て到達したものなのか、②〈最適解〉と〈納得解〉の差はどれくらいのものなのか、③さらに〈納得解〉を〈最適解〉に近づけ、被災地の農業をより発展させていくためには何が課題となるのか。本章ではこれらの点にフォーカスし、再び宮城県七ヶ浜町を舞台に、津波被災地における水田農業の復興について論じていく。

(2) 七ヶ浜再訪

二〇一五年五月十九日、久しぶりに（二〇一二年の年末以来）七ケ浜町の復旧・復興状況を見て歩いた。なんと代ヶ崎地区や下田地区の圃場が大区画化されていた。七ヶ浜町の農地は原形復旧されたのではなかったのか。

ちょうど阿川沼地区の圃場（原形復旧された圃場）で田植えを行っていた農家D（「明日の七ケ浜農業を考える会」のメンバー）と再会できたので、いろいろ聞いてみた。

農家D「どこへ行ってたのー。」
筆者「皆さんに集まっていただいて構想づくりを行いましたが、あまりお役に立たなかったようで……」
農家D「いやー役に立ったよ。やっぱり勉強しなければ。」

そのとき農家Dは、原形復旧された阿川沼地区の水田を五ヘクタール耕作していた。換地処分が完了しておらず、一時利用地として耕作していたのである。農家Dの息子も東京から帰ってきて本格的に農業に取り組み始めたという。二〇一二年に実施した懇談会（ワークショップ）が「役に立った」と参加農家の一人から言われてほっとしたものの、原形復旧工事が進んでいたはずの七ヶ浜町で、一部だが、圃場が大区画化していたのがとても不思議に思えた。

(3) 原形復旧のあとに大区画化

二〇一二年の年末に進んでいたのは、確かに原形復旧工事であった。一方、二〇一五年五月に目の当たりにしたのは、一部の地域ではあるが、大区画化が進んでいたという事実である。結局七ヶ浜町では、まず原形復旧工事が行われ、農業生産をすみやかに再開させ、しかるのちに大区画化のための畔抜き工事や、汎用水田化のための暗渠工事が行われていたのである。二〇一二年十二月の懇談会において、参加者から「作成した構想は将来必ず活きてくる」という発言があったが、筆者の予想よりもはるかに早く、それが現実のものとなったのである。

七ヶ浜町では、発災直後の二〇一一年六月には農地からのガレキ撤去工事が開始され、二〇一二年度には被災水田の約七割で田植えが行われた。二〇一三年度（耕作終了後）から二〇一五年度にかけて、農山漁村地域復興基盤総合整備事業により、農地の大区画化や暗渠排水の整備が実施された。二〇一五年五月にお邪魔したときには、大区画化などの工事は道半ばで、農家Dが田植えをしていた阿川沼地区の圃場はまだ大区画化されておらず、農家Dは原形復旧の状態（被災前と同じ大きさの区画）で農作業を行っていたのである。その後、二〇一五年度末までに阿川沼地区やその他の地区でも大区画化と暗渠排水の整備が進み、七ヶ浜町の全水田が復興し、二〇一六年度は大区画化された水田での営農再開となっている。

(4)「明日の七ヶ浜農業を考える会」再開

ハード面で復興すると、次に課題となるのがソフト面の復興である。第四章の亘理町の座談会で紹介したように、被災後は離農する農家が続出し、担い手農家への農地集積と農業水利施設の維持管理の負担が集中することが懸念されていた。そこで、現状〈納得解〉と理想像〈最適解〉を、地理情報システム上でビジュアライズしながら話し合ってもらい、七ヶ浜農業の発展に役立ててもらうという趣旨の懇談会（ワークショップ）を再開することにしたのである。

筆者らは、担い手農家参加の懇談会を、二〇一五年度から二〇一七年度の三年間で、計四回開催した。

第一回懇談会（二〇一五年十二月二十四日）では、復興がどこまで進み、何が課題として残っているのかを抽出した。参加した担い手農家からは、ハード面では、圃場の大区画化が進みつつあることは評価されたが、地盤沈下に対応した排水システムの整備が不十分であることが問題点として改めて確認された。また、今後、「誰が七ヶ浜農業を担うのか?」、「誰が農業水利施設の維持管理を担っていくのか?」というソフト面が大きな課題になることが確認された。

第二回懇談会（二〇一六年三月二十日）では、参加した担い手農家に、農地集積戦略や地理情報システムの活用に関して、全国各地の事例を紹介する「勉強会」を実施した。

第三回懇談会（二〇一六年十一月二十日）では、聞き取り調査により収集した農地利用データ（農地所有者、耕作者、作付作物、品種）を地理情報システム（農地基盤地理情報システムＶＩＭＳ）に搭載し、デモンストレーションを行い、参加した担い手農家から意見を聴取し、それをビジュアライズ技術にフィードバックした。

第四回懇談会（二〇一八年二月二十八日）においては、VIMSに搭載した①現在の農地集積状況、②農地分散状況、③農業水路の維持管理状況（以上、〈納得解〉）、④地域の農業所得最大化の試算（農地集積の〈最適解〉）を、参加した担い手農家にビジュアライズしながら、今後の七ヶ浜農業のあり方（農地集積、経営の多角化、農業水路の維持管理など）に関して議論を行ってもらった。

第四回懇談会のプログラムを、次に示しておく。

七ヶ浜の農地集積と水利施設の維持管理に関する懇談会（第四回）

明日の七ヶ浜農業を考える会

趣旨説明（五分）　福与徳文（茨城大学）

報告（五〇分）

①幸田和也（茨城大学大学院）「急速に進む七ヶ浜の農地集積と課題」

②八木洋憲（東京大学）「七ヶ浜における大区画整備後の水田農業の展望」

③福与徳文（茨城大学）「七ヶ浜農業のこれから――経営の多角化と資源管理」

④重岡徹（農研機構）・友松貴志（イマジックデザイン）「土地改良区で地理情報システムを役立てる方法」

本章において、この後すぐ述べる「2　津波被災地で急速に進む農地集積〈納得解〉」は、懇談会のプログラムでは①に相当し、幸田が報告した内容に基づいている。[2] またプログラム②において八木が提供した話題は、[3] 本章では「3　地域の農業所得最大化の試算〈最適解〉」で述べることとなるし、③で筆者が話したことが「4　津波被災地の水田農業の将来展望」に、④で重岡・友松がプレゼンテーションしたことが「5　ビジュアライズの効果と課題」にあたり、本章の構成は、第四回懇談会のプログラムの内容に概ね沿ったものになっている。

2　津波被災地で急速に進む農地集積〈納得解〉

津波被災地である七ヶ浜町において、震災後に急速に進んだ農地集積と農業水路の維持管理の実態を、①どれくらいまで農地集積が進んだのか、②農地集積はどのような制度に則って進められたのか、③合意形成に至るためのルールはどのようなものだったのか、④農業水路の維持管理、とりわけ水路法面の草刈りを誰がどこをどのくらい担当しているのか、⑤地代や経常賦課金の負担はどのようになったのか、といった視点から見ていく。

(1)　八割以上の農地が担い手農家に

表5-1　七ヶ浜町の耕作状況（2016年度）

耕作者	耕作面積(ha)	地区別耕作面積						2010年度耕作面積
		阿川	中田	下田	花渕	吉田	代ヶ崎	
法人F	43.6	14.1	0.0	0.5	15.6	13.4	0.0	12.0
農家A	23.9	0.0	0.0	16.0	0.0	0.0	7.8	5.0
農家B	18.0	10.5	7.5	0.0	0.0	0.0	0.0	0.7
農家C	6.5	6.5	0.0	0.0	0.0	0.0	0.0	3.0
農家D	6.1	3.6	0.0	0.0	2.4	0.0	0.0	0.5
農家E	3.8	3.8	0.0	0.0	0.0	0.0	0.0	0.6
小計	101.9	38.5	7.5	16.5	18.0	13.4	7.8	21.8
その他	19.4	8.9	1.0	3.0	2.9	3.7	0.0	—
計	121.3	47.4	8.5	19.5	21.0	17.0	7.8	—

出典：幸田・福与・重岡・八木(2)

二〇一六年の収穫後に同年の耕作状況を担い手農家から聞き取り調査をしたところ、六経営体（全て認定農業者）に復興した農地（一二一・三ヘクタール）の八四・〇％が集積しており、残り一六・〇％の農地を一五経営体（仙台市からの入り作も含めて）が耕作していることがわかった（表5-1）。六認定農業者の内訳は、法人経営が一団体、家族経営が五戸である。法人Fは、震災前から設立されていた転作生産組合が、震災後に離農者の受け皿となるために法人格を取得したもので、担い手農家五戸のうち四戸が法人Fのメンバーでもある。

二〇一二年五月に筆者らが初めて七ヶ浜町にお邪魔し、震災前の農地集積状況を聞き取ったとき「一〇名の担い手農家が町全体の農地の約六割を耕作していた」ということだったが（第四章参照）、復興後は六経営体で八割を超える農地を耕作しており、震災後に急速に農地集積が進んだことがわかる。

しかも七ヶ浜町の場合、農地が集積された担い手農家六経営体のうち、三経営体の震災前の耕作面積が一ヘクタール未満で、六経営体の震災前の耕作面積の合計は七ヶ浜町の全農地面積の二割弱にとどまっている。このことから、中心的な担い手が震災の前後で大きく入れ替わったことがわかる。そのなかでも極端なケースとして挙げられるのは、農家Bである（表5-1）。農家Bの震災前の耕作面積は〇・七ヘクタールだったが、震災後は一八・〇ヘクタールまで規模拡大している。農家Bの耕作面積は震災前後でなんと二六倍にもなっている。農家Bは震災前には兼業農家として自作地を耕作していただけだったのが、震災後、勤め先を退職したのを契機に一気に専業農家として農地の受け手となった。ちなみに農家Bが耕作する一八・〇ヘクタールの農地の所有者数は七七名である。八〇名近い所有者の農地を一名で引き受けていることとなる。

担い手農家が震災前後で大きく入れ替わったのは、震災前の担い手が（津波では亡くならなかったもの）、震災後に亡くなったことなどが影響している。地域農業の主要メンバーが世を去ったのは、農業生産活動の再開で心労が重なり、それが原因だったのではないかと聞いた。実は筆者らも、その点には気づいていた。被災直後の二〇一二年度に実施した懇談会と、二〇一五年度に再開した懇談会では、同じように七ヶ浜農業の担い手農家に集まってもらったはずなのに、参加メンバーの顔ぶれが大きく変わったのである。

そして震災後に規模拡大をして担い手農家になった農家は、町職員によれば、震災における農業機械などの被害が比較的小さかった農家だという。被害の大きかった農家が出し手となり、被害の小さかった農家が受け手となって農地集積が急速に進んだのである。

(2) 農地中間管理機構に一本化

農地所有者が耕作者に農地を託す仕組みとして、七ヶ浜町では震災前は、①農業経営基盤強化促進法の利用権設定、②相対（いわゆるヤミ小作）、③全部作業受委託、④一部作業受委託といったように多様な方法が採られていた。震災前は「一〇名の担い手農家が町全体の農地の約六割を耕作していた」といっても、作業受委託や相対を含めてのことである。これに対して、震災後（二〇一六年時点）、七ヶ浜町において担い手農家が借り入れている農地面積の合計は九七・七ヘクタールであるが、そのうち八七・一％が農地中間管理機構をとおしての農地の賃貸借である。農地中間管理機構にほぼ一本化されたことも、震災後の農地集積の特徴としてあげられる。なお、農地中間管理機構をとおした賃貸借になっていない一部の農地は、多くは特定農作業受委託の手続きが取られている。それらの農地は、出し手農家が農地中間管理機構をとおすことを希望しなかったり、相続未登記だったりする農地である。

農地中間管理機構をとおしての賃貸借とは、都道府県に一つ設置される農地中間管理機構（いわゆる「農地集積バンク」）が農地の出し手と受け手を仲介し、担い手への集積と集約化を進める仕組みで、二〇一四年から開始された。七ヶ浜町で農地中間管理機構をとおしての賃貸借に一本化していった理由として、懇談会に参加した担い手農家は、以下の点を挙げた。一つは公的機関の仲介という信頼性である。一つは借地期間が原則一〇年以上であることへの、貸し手と借り手双方から見た安定性である。いま一つは、地代（賃借料）を何人もの農地所有者に個別に支払うのではなく、農地中間管理機構に一括して納入すれば良いという事務処理上の手軽さである。前述したように、震災後急速に規模拡大した農家Bは、八〇名近い農地所有者から賃借している。八〇名それぞれに賃借料を支払うよりも、支払い先が農地中間管理機構に一本化されれば、これは大きなメリットとなる。(4) そして、農地の出し手にも受け手にも手厚く支給された機構集積協力金の存在が、農地中間管理機構を通しての賃貸借に収斂していった要因の一つであることは間違いない。

さて政府（日本再興戦略）は、二〇一三年に一〇年で担い手農家に農地の八割以上を集積することを目標として掲げており、それを達成する手段として農地中間管理機構による農地集積の仕組みを創設した。津波被災地である七ヶ浜町では二〇一六年時点で六認定農業者に町内の農地の八四%が集積しており、すでに目標を達成したと言える。二〇一三年度の初頭に実施された亘理町の担い手座談会のとき（第四章）、座談会の司会をつとめた宮城県担当者が「平時なら一〇年かかることを三年でやらねばならない」と発言していたが、まさにそのとおりになったのである。

(3) 農地集積のルール

農地中間管理機構を通しての賃貸借の場合、農地所有者は「誰に耕作してもらうのか」を決めずに農地中間管理機構に「白紙委任」して、農地中間管理機構が「誰が耕作するのか」を決めて、農地所有者から一旦借り受けた農地を担い手農家に又貸しすることを制度の基本としているのだが、やはりどの担い手農家がどの農地を耕作するのかに関しては、当該地域の農地所有者や担い手農家相互の話し合いによる調整に委ねることが多いのが実情である。

七ヶ浜町でも、農地の賃貸借の方法が農地中間管理機構を通した賃貸借にほぼ一本化されたものの、誰がどの農地を耕作するのかについては、「換地委員会」（復興整備した農地を誰がどのように所有するのかを決める）の場を利用して担い手相互の話し合いで決めていった。それぞれ希望を出し合って決めていったわけだが、希望が競合した場合、以下のルールで調整された。

①所有者優先——当該農地の所有者に先ず耕作する優先権がある。これにより、担い手農家自身の所有地は、当該担い手農家が優先的に耕作することになるし、担い手以外の農家が自作する場合、当該農地所

有者の農地を耕作することとなる。

②既往の耕作地優先――被災前にすでに借りるなどして耕作していた農地は、当該耕作者が耕作することが優先される。

③地区の農地の占有率の高い担い手農家を優先――吉田浜地区や代ヶ崎地区といった各地区で、被災前から当該地区の農地を最も耕作していた担い手農家の耕作を優先させる。

これらのルールに従うと、所有や耕作に関する既得権が優先されることとなるが、特にルール③により、代ヶ崎地区、吉田浜地区、下田地区においては、地区の水田をほぼ一経営体で耕作するようになった（表5-1）。一方、担い手農家以外の経営体についても、ルール①が適用されたため、七ヶ浜町では最も優良農地とされ、最大の農地団地である阿川沼地区では、担い手農家以外の経営体が点在して自作している。このため、担い手農家の耕作農地の集約化も進まずに、バラバラに存在してしまうという課題も残った。懇談会において地理情報システム上に農地集積状況をビジュアライズしたところ（図5-1）、阿川沼地区の状況を見た参加農家の一人（農家B）から「とびとびだね」という発言が思わず出てしまったという状況である。

担い手農家の耕作地を集約化するためには、①担い手農家以外の農家の自作地を換地処分のとき集約化することにより、担い手農家の耕作地を集約化するという方策や、②所有者優先というルールを設けずに、所有と利用を分離して、担い手以外の農家の耕作地を集めることにより、担い手農家の耕作地を集約化する方策も考えられたはずだが、七ヶ浜町ではそこまでは行われなかった。

出典：幸田・福与・重岡・八木[2]

図5-1　農家Bの耕作農地

(4)　農業水路法面の草刈り

①耕作者資本として農業水路

七ヶ浜町では震災からの復興後に担い手農家への農地集積が急速に進んだ。そういった場合、農業水利施設の維持管理が困難になるという点が、「水田農業と地域社会」の関係を考える第二部（水田農業編）のそもそもの問題意識であった。ところで七ヶ浜町の農業水路のうち用水路はパイプライン化されている。このため、草刈りを行う必要があるのは、排水路の法面である。そして排水路の法面に関しては、「利益を生むところは利益を得る人がやる」という原則で、①耕作農地の畦畔や、隣接する農道際や末端水路の法面の草刈りは耕作者個人が、②支線水路の法面や、貯水池（ため池）堰堤など、共同で利用している施設の草刈りは、多面的機能支払交付金制度を利用しながら、農地所有者による共同作業で草刈りを行っている。担い手農家から、耕作者個人が草刈りしている範囲と、共同作業により草刈りをしている範囲を聞き取り、その情報を農地基盤地理情報システムVIMSに入力して計測したところ、耕作者個人が草刈りしている部分の総延長は六八・三キロメートルになり、農地所有者の共同作業で草刈りされている部分の総延長が一〇・一キロメートルとなった（図5-2、太線部分）。両方合わせると草刈り部分の総延長は七八・四キロメートルということになり、そのうち九割近くを耕作者個人が草刈りを行っていることとなる。

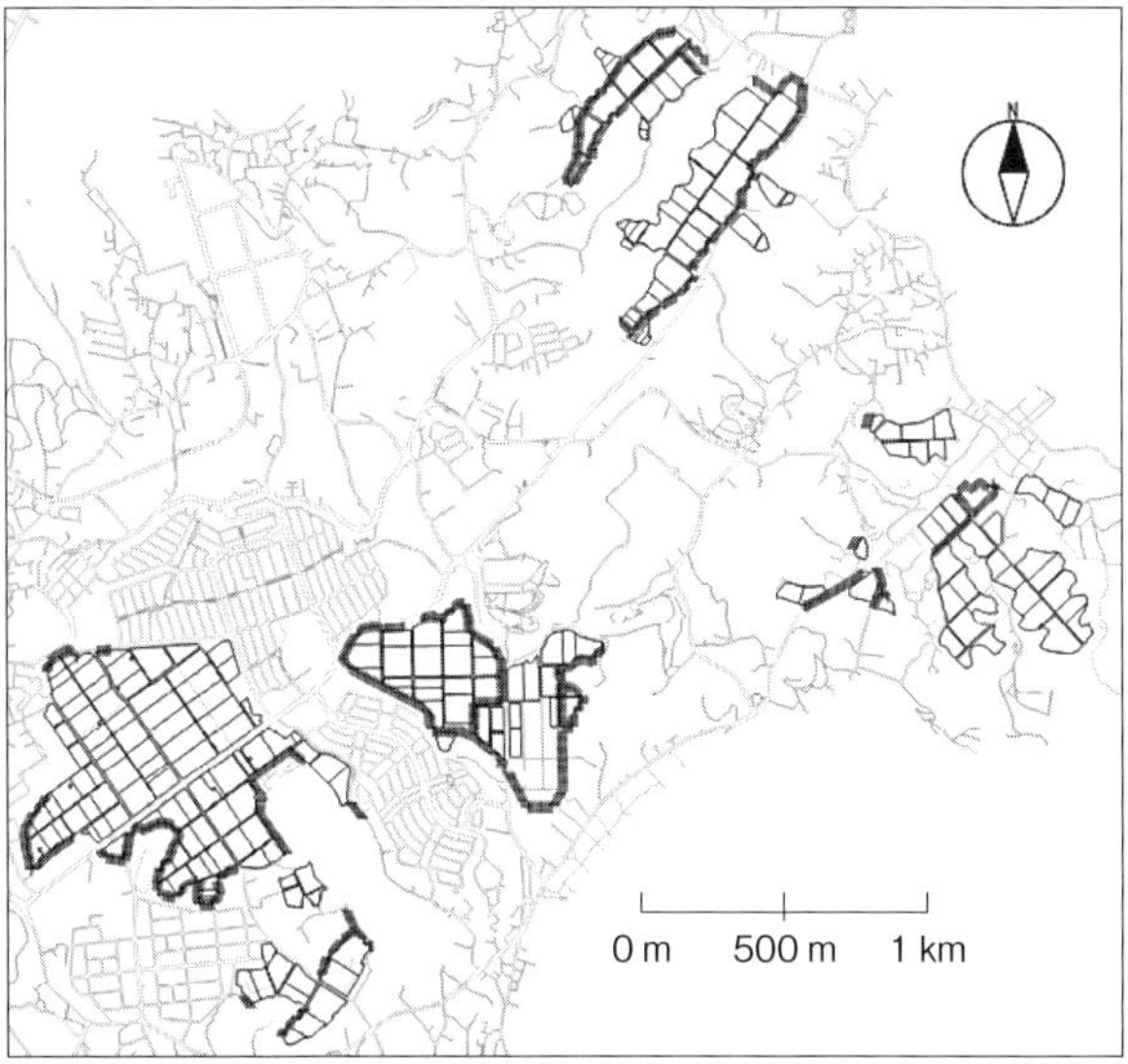

図 5-2　農地所有者による共同作業エリア

生源寺眞一は『現代日本の農政改革』の中で、「末端の水利施設を土地所有者が管理するべき資本、すなわち地主資本と見るべきか、耕作者が管理の責務を負う耕作者資本と見るべきか〈中略〉この点が明確になるならば、問題の克服は容易になるはずである」と述べている[5]。これは末端水路の管理を誰が責任を負うのかについて原則をきっちり決めておけば、そのコストを誰が負担するのかも明確になるということである。もし末端水路が地主資本であれば、管理の責任は地主（農地所有者）が負うことになる。そういった場合でも、たとえば農地所有者がすっかりサラリーマンになってしまい脱農化した状態では、水路の法面の草刈りなどを農地所有者自身が行うことが困難になってしまうことがある。このようなときは、対価を支払って誰か（担い手農家でも、担い手農家以外の誰でも）に草刈りを行ってもらえば良いということなる。その場合、末端水路の管理の責任を農地所有者側が負うわけだから、つまり、すっかり管理された農地を耕作者が利用するわけだから、耕作者が所有者に支払う地代（賃借料）はその分高くなる。一方、耕作者資本とした場合はその逆ということになる。耕作者が末端水路の管理の責任を負うわけだから、耕作者自身が草刈りを行うか、耕作者側が対価を支払って誰か（農地所有者あるいは第三者）に草刈りを行ってもらうことになる。その場合、末端水路の管理の責任を耕作者側が負うわけだから、耕作者が所有者に支払う地代（賃借料）はその分下がることとなる。

七ヶ浜町の場合、「利益を生むところは利益を得る人がやる（末端水路の草刈りは耕作者が行う）」という原則があり、さらに震災後、耕作者が土地改良区の経常賦課金を負担しており、末端水路については「耕作者資本」と明確に位置づけていることとなる。懇談会のときにも、担い手農家（農家B）からは「耕作する水田周りの草刈りもできないようなら、担い手農家とは言えない」という趣旨の発言があった。担い手農家自身が、末端水路の維持管理は耕作者が負うべきものだと主張していたのである。

さきほど引用した生源寺は同じ著書で、農業経営基盤強化促進法の下では比較的短期の借地契約が行われ、借地農に対する権利保護の度合いは著しく弱くなっており、それゆえ水利施設を「地主資本」とする傾向があると指摘している(6)。七ヶ浜町の場合、この指摘とは異なった方向に進んだこととなるが、震災後、担い手への農地集積の方法が農地中間管理機構を通しての賃貸借に収斂されたことが、その要因の一つではないかと思われる。というのは、農地中間管理機構を通しての賃貸借は一〇年以上の契約を原則としており、耕作者にとって一〇年間は当該農地を耕作することが保証され、借地農に対する権利保護が強化されたからなのである。

②草刈りによる規模拡大限界

ところが末端水路が「耕作者資本」ということになれば、耕作面積が増えると、それに比例して水路法面の草刈り面積も増加することとなる。懇談会においては、先ほど紹介した担い手農家（農家B）の「耕作する水田の周りの草刈りもできないようなら、担い手農家とは言えない」という発言のほか、他の担い手農家（農家A）からは「これ以上草刈り作業が増えたら、草刈りを行うのは困難となる」、「毎日どこかで草刈りをしている」、「もっと共同活動で行う草刈り面積を増やして欲しい」といった発言もあった。

農家Bの耕作面積は（二〇一六年時点で）一八ヘクタールで、農家Aの耕作面積は二四ヘクタールである。どちらも家族経営としては大規模経営体と言えるが、もし現時点での両者の耕作面積の差が懇談会における発言内容の差となって現れているのだとすれば、「これ以上草刈り作業が増えたら、草刈りを行うのは困難となる」と発言した農家Aの耕作面積あたりが、七ヶ浜町における農業水路の草刈り作業量から見た家族経営体の規模拡大限界であると言えるだろう。また一八ヘクタールの農家Bは、「条件の良い阿川沼地区で団地化されれば三〇ヘクタールくらいまでなら耕作可能である」と発言していた。そうすると、第四章で紹介した宮城県亘理町における担い手農家の座談会において家族経営（農作業ユニット1）の大規模農家から出された規模拡大限界の数字（二〇～三〇ヘクタール）とも合致する。

七ヶ浜町では「利益を生むところは利益を得る人がやる」というルールのもと、水田周りの畦畔や、農業水路法面の草刈りは耕作者が行っている。このため被災後、農地集積が進展した結果、耕作者が草刈りを行う部分の総延長六八・三キロメートルのうち五六・二キロメートル（八二・三％、担い手農家への農地集積率とほぼ同じ）の草刈りが、担い手農家（一法人、五家族経営）に集中している。

農家Bによれば、一日に行える畦畔や水路法面の草刈りの量は、スパイダーモアなどの草刈機を用いた場合、だいたい水田一ヘクタール分だそうで、約二〇ヘクタール分の草刈りにはほぼ一ヶ月を要するという。一ヶ月経つと最初に草刈りした場所の草がすでに伸びているため、また最初から草刈りを行うことになる。その結果、三ヶ月間、毎日のように畦畔や水路法面の草刈りを行うことになり、このことがこれ以上の規模拡大を妨げる要因にもなっているのである。

一方、支線排水路の法面や貯水池の堰堤など、地域の共同作業により草刈りを行う部分もあり、その延長は一〇・一キロメートルで、草刈り延長全体の一二・九％にあたる。共同作業で行う草刈りは、農地所有者の出役が原則で、担い手農家であっても、所有農地が所在する地区における草刈り作業に出役すればよい。原則だけを見れば、草刈りが必要な部分の一二・九％は、農地所有者の共同作業によって支えられていると言えるが、実態は担い手農家により多くの負担が発生している。というのは、共同作業による草刈りは年二回（六月、八月）行われるのが慣例となっており、いわゆる「出不足金」は三〇〇〇円で、多面的機能支払交付金制度を活用して参加者には時給一〇〇〇円（草刈機持参の場合はプラス五〇〇円）が支払われている。それでも農地所有者の参加率は七〜八割程度で、共同作業でカバーしきれない部分は、担い手農家が後日草刈りをしているのが実態なのである。

(5) 地代と経常賦課金

①担い手農家の負担は減ったが……

七ヶ浜町では震災後に農地集積が急速に進むとともに、地代と経常賦課金の負担のあり方が大きく変化した。

まず地代であるが、震災前は一〇アール当たり玄米一〇〇キロと現物であったのに対して、震災後は一〇アール当たり現金五〇〇〇円に変化した。後者について、七ヶ浜町の担い手農家が「コメ一袋（三〇キロ）という感じ」と発言していたので、これを基準にして震災前の地代（現物）を金銭換算すると一万六六六七円になる。

一方、土地改良区に支払う経常賦課金については、震災前は農地所有者が負担し、一〇アール当たり六五〇〇円であったのが、震災後は耕作者が負担するようになり、金額も五〇〇〇円となった。一五〇〇円下がったことになるが、そもそも震災前五〇〇〇円だった経常賦課金が六五〇〇円に上がった直後に津波被害にあったということなので、金額は震災前と概ね同じ水準であるともいえよう。したがって七ヶ浜町の場合、金額の変化よりも、経常賦課金を負担するのが農地所有者から耕作者に変わったという点が、大きな変化なのである。

耕作者の視点から、耕作者が農地を借りて耕作する場合の、地代と経常賦課金を合わせた負担について、震災前後の変化を見てみると、次のようになる。震災前は経常賦課金については農地所有者の負担であったため、耕作者は地代のみを負担していたことになるが、その地代は（金銭換算すると）一〇アール当たり一万六六六七円であった。震災後は地代と経常賦課金を耕作者が負担するようになったため、地代（五〇〇〇円）と経常賦課金（五〇〇〇円）をあわせて一万円の負担となった。地代と経常賦課金の両方を負担しても、震災前より耕作者の負担は軽くなっていることがわかる。

一方、農地を貸す側（農地所有者）からみると、震災前は経常賦課金（一〇アール当たり六五〇〇円）を負担していたため、それを差し引くと農地を貸すことによる収入は約一万円ということになる。これに対して震災後は、経常賦課金を耕作者側が負担するため、地代はまるごと農地所有者の収入になるものの五〇〇〇円になった。震災前と比べて農地を貸すことによる収入は半分になったことになる。

これらのことから、被災により農地の出し手が急増し、その一方で受け手である担い手農家の数が限られたことから、やはり借り手市場となり、震災前後で農地の借り手側（担い手農家）の負担は大幅に減少したことになる。

ただし減額されたとはいえ、地代と経常賦課金を合わせて一〇アール当たり一万円という負担では、二〇ヘクタールの農地を借りると、それだけで二〇〇万円になる。この点をどのように考えているのかを担い手農家に聞いてみたところ、法人Fの代表は、「耕作者側が農地の畦畔の草刈りまで行っているという負担も合わせて考えると、負担感はまだまだ大きい。資産を管理しているという観点から地代をもう少し下げてもらいたい」と語った。このように、地代と経常賦課金を合わせた負担額は震災前の六割程度に下がっているものの、七ヶ浜町の農地と水利施設の維持管理を担っている農家としては、まだまだ重いという評価である。

②排水コストと賦課金

ところで、二〇一二年、筆者らが最初に七ヶ浜町を訪れ、担い手農家と一緒に農地や農業の復興のあり方を考えていたときに最も懸念されていた点が、地盤沈下による排水条件の悪化と、揚水機による機械排水の割合の増加が見込まれることによる経常賦課金の上昇と、それによる担い手農家の経営コストの増加である。ところが現在のところ、経常賦課金は一〇アール当たり五〇〇〇円で、震災前には六五〇〇円であったのと比べても、増加どころか、低下している。前述したように、震災直前に五〇〇〇円だった経常賦課金が六五〇〇円に値上げされたと聞くので、震災前と同水準におさまっているともいえる。つまり経常賦課金は、二〇一二年頃抱いていた懸念とは異なり、地盤沈下が経常賦課金を吊り上げ、農地の引き受け手である担い手農家の経営を圧迫するという状況にはなっていないのである。

経常賦課金が震災後上昇しなかった理由としては、次の点が挙げられる。一つは、排水ポンプについては原形復旧で、ポンプの性能自体は震災前のままで増強されていない。したがって運転時間が同じであれば、運転コストも増加しないし、経常賦課金も上げる必要がないのである。しかし、地盤沈下分、地域の排水性は悪化しているはずで、ポンプの性能が同じであれば、運転時間が長くなるはずである。もし運転時間が長くなるのであれば、一〇アール当たり五〇〇〇円の経常賦課金では、土地改良区の財政が悪化する可能性が今後でてくる。二つ目は、七ヶ浜町の農業のあり方と深く関わった理由である。七ヶ浜町の農業は、震災前も震災後も、水稲作が主力であることには変わりない。急速に農地集積したものの、転作大豆を除けば、ほぼ水稲専作の状況にある。水稲作だけのことを考えた場合、地域の排水性は少々劣悪でもなんとかやっていける。しかし、将来とも水稲作のみに頼っていては、地域農業は先細りしてしまう。やはり経営の多角化をめざすべきなのだが、そうした場合、水田の汎用化が基盤条件として必須となる。そしてこの場合、ただちに地域の排水性の良し悪しが地域農業の発展を左右することになるはずである。つまり、現時点（二〇一六年当時）ではなんとかなっているものの、七ヶ浜農業の将来を考えた場合、二〇一二年当初から問題として挙げられていた「地域の排水機能の強化」が、やはり大きな課題として立ちはだかっているのである。

3　地域の農業所得最大化の試算〈最適解〉

これまで述べてきたのが、津波被災地である宮城県七ヶ浜町において、震災後に急速に進んだ農地集積の実態である。地域の担い手農家が、農地の所有者などを優先したルールに基づいて話し合った結果、到達した農地集積・集約化の水準である。それゆえ七ヶ浜町の現在の農地集積状況は、いわば地域の〈納得解〉と呼ぶことができよう。では、話し合いの結果到達した地域の〈納得解〉は、地域の農業所得を最大化する〈最適解〉と比べると、どの程度のギャップがあるのだろうか。

(1)　〈最適解〉の試算方法

そこで七ヶ浜町を対象に、数理計画モデルにより地域の水稲所得を最大化する土地利用、すなわち〈最適解〉を求め、〈納得解〉との比較を試みた(3)。

地域農業所得の〈最適解〉を求める試算においては、まず水稲所得に絞り込んだ。そうしたのは、前述したように、津波被災後も七ヶ浜農業は、転作大豆を除き、ほぼ水稲作に特化していたためである。

まず認定農業者（一法人、五家族経営）を対象にアンケート調査（二〇一五年十二月、二〇一六年三月に留置法にて実施、記名式、一〇〇%回収）を行い、水田経営に関する諸データ（経営面積、水稲品種、経営耕地所在地区、機械装備、作業期間など）を収集し、それらを用いた数理計画モデルを構築した。

目的関数「粗利益(粗収益－変動費)－固定費」は、圃場条件（区画の大きさ）、経営耕地所在地区（阿川沼地区など六地区）、経営拠点（三拠点）が異なる水田の水稲作付面積を組み合わせて地域全体の水稲所得を最大化するように設定し、これに土地・移動・労働に関する制約条件を組み込んだ。

そして次に示す五つのシナリオを設定し、構築した数理計画モデルにより、シナリオ別の最適化をはかった。

A「全面積最適化」――現在の大区画圃場のもとで目的関数の最大化を行う。

B「全面積作付け」――すべての圃場での作付けを行う制約を課す。

C「現況水稲面積」――現状の地区全体の作付面積よりも増加させない制約を課す。

D「現況ユニット」――ユニット数の下限を現況（7ユニット）に設定する。

S「従前区画」――大区画整備前の圃場条件（すべて一〇～三〇アール区画）での最適化を行う。

(2) 〈納得解〉は〈最適解〉の六割強？

試算方法の詳細については八木ら[3]を参照いただくとして、ここではその結果の概要だけを紹介しておく（表5-2）。

地域の水稲所得の最大値は、シナリオA（全面積最適化＝2経営体、3農作業ユニット）の場合で、二五四三万円に達する。シナリオAを〈最適解〉、現状（水稲所得九六三万円）を〈納得解〉とすれば、〈最適解〉は〈納得解〉の二・六倍となり、七ヶ浜町では津波被災後に農地集積が（政府の目標値を超えて）かなり進んだとはいえ、〈最適解〉との開きはまだ相当あるというのが試算の結果である。かりに現状の7農作業ユニット（法人Fが2ユニット、家族経営5ユニット）を前提に、最適化をはかった場合でも（シナリオ

表5-2　シナリオ別最適化の結果

	水稲作付面積(ha)	機械(ユニット)	水稲所得計(万円)	固定費(万円)	収穫労働(hour)
現状	97.2	7	963	1,694	425
シナリオ					
A（全面積最適化）	119.6	3	2,543	726	522
B（全面積作付）	121.4	4	2,351	968	549
C（現況水稲面積）	97.2	2	1,937	484	348
D（現況ユニット）	121.4	7	1,625	1,694	536
S（従前区画）	129.2	5	2,189	1,210	870

出典：八木・福与・幸田・重岡[3]

D）、地域の水稲所得は一六二五万円にまで上がるものの、それでも〈最適解〉の六四％にとどまることがわかる。

このように、〈納得解〉と〈最適解〉の差が生じた最も大きな要因は、やはり農作業ユニット数である。試算においても、一ユニットの稼働に対して、一名の中心的オペレータと補助員、コンバイン、田植機、耕うん・代掻きの農機具、運搬機械という機械一式を想定しており、分割不可能な固定要素と捉えている。農作業ユニットを減らせば、固定費を減らすことができ、それが所得向上につながる。固定費は「現状＝〈納得解〉（7農作業ユニット）」では一〇アール当たり一・七万円であるが、「シナリオA＝〈最適解〉（3農作業ユニット）」の場合、〇・六万円と大きく減らすことができる。

なおシナリオA〈最適解〉による試算では、復興事業によって整備された大区画圃場のみを耕作することを前提条件としている。一方、狭小区画も含めて耕作する場合（シナリオB）、4農作業ユニットが必要となり、水稲所得は二三五一万円となり、〈最適解〉より八％程度所得が少なくなる。やはり水稲所得を最大化するためには、狭小区画に水稲の作付けを行わないようにすることが必要となる。第四章で紹介した亘理町の座談会においても、担い手農家から、より規模拡大していくことが困難な理由の一つとして「農地所有者から頼まれれば、大きな区画ばかりでなく、小さな区画や、圃場整備していない農地も引き受けざるを得ない」という点が挙げられていたが、この発言内容を試算結果（シナリオAとBの差）が裏づけたこととなる。

4　津波被災地の水田農業の将来展望

〈納得解〉と〈最適解〉のギャップが明らかになったところで、次に七ヶ浜農業の将来を展望しておこう。第二部（水田農業編）冒頭でも述べたように、津波被災地の水田の将来展望は、わが国の水田農業の将来展望にそのまま繋がるものと思われる。

(1)〈納得解〉を〈最適解〉に近づける

震災後、急速に担い手農家への農地の集積が進み、町の八割以上の農地が担い手農家に集積されたことはすでに述べてきた通りである。しかし集積のためのルールで農地所有者を優先するなどしたため、農地集積・集約化については不十分な点が残った。それを〈最適解〉と比較すると、現状では四割弱程度、現況の農作業ユニット数で最適化を図ったとしても六割強程度の水準にとどまっている。

したがって今後の課題の一つは、現在の〈納得解〉を〈最適解〉にいかに近づけていくかである。〈納得解〉と〈最適解〉の差を縮めるには、二つの段階がある。一つは、農作業ユニット数を現況の七のままで最適化を図る段階で、もう一つは、農作業ユニットを減らしてゆく段階である。現在の耕地の分散状況を見ても、懇談会で担い手農家から「とびとびだね」と発言があるような状況を解消していくことが第一ステップとなる。しかし、〈納得解〉と〈最適解〉の間にある最も大きな差は、農作業ユニットの数の差である。現在のところ地域の水田の八割以上が担い手農家に集積されたといっても、〈最適解〉のユニット数が三であるのに対して、〈納得解〉のユニット数は七である。さらに水稲作の（現在のところの）最小効率規模[7]である一〇ヘクタールに到達していない経営体が六経営体の中で三つある。したがって地域全体を〈最適解〉に近づけていくためには、さらなる集積が必要となる。

　今後、阿川沼地区にまだ多く見られる小規模な自作農や、担い手農家のうち家族経営（五戸）の何戸かは、世代交代に合わせて法人Ｆなどに統合されていく可能性が高い。たとえば、震災後に急速に規模拡大した農家Ｂも、「息子は跡を継がない。一〇年くらい経営し、投資分を回収できたら法人Ｆに預ける」と明言している。七ヶ浜町の水田全体を法人Ｆに集積する方向性が一つの道筋である。実は震災後、七ヶ浜町全体の水田を法人Ｆに集積する構想もあったと聞く。ところが、「将来は法人Ｆに集積していく」という考え方に対して、法人Ｆの代表は、「さらなる機械の投資が必要となる。震災直後であれば様々な支援を受けられたが、一〇年後となれば公的支援を受けられるとは限らず、そう簡単なことではない」と述べている。今後、法人Ｆに農地を集積し、経営規模を拡大していけば、それに応じた機械装備が必要となる。手厚く公的支援が受けられた震災直後であれば機械装備の増強も可能であったが、震災後一〇年以上経過すれば公的支援が受けられるとは限らず、代表からすれば「震災後に法人Ｆへの集積を一気に進めておけば良かったのではないか」という思いが、言外に滲み出ている。

(2) 経営の多角化と汎用水田化

ほぼ水稲単作の状況である七ヶ浜農業が今後とるべきもう一つの方向性が、経営の多角化である。水稲以外の作物を作付けたり、それらを原料に加工・販売に進出したりというのが、経営多角化の定石となる。

津波被災地でも東松島市野蒜地区の「アグリードなるせ」など、経営の多角化を図った法人がある。同法人は、震災後、地域の雇用創出をはかるため六次産業化を展開し、米粉のバウムクーヘン「のびるバウム」を加工販売したり、菓匠三全（加工）やJR東日本（販売）と連携して、大豆を原料としたお菓子を売り出したりしている[8]。

ところで七ヶ浜町の水田農業で今後経営の多角化を図っていく上で、まず必要となる基盤条件は、水田の汎用化である。そして水田の汎用化を図っていく上で前提条件となるのは、地域の排水性の改善である。もともと排水性の悪い土地柄であったが、震災による地盤沈下でさらに悪化した。それゆえ「ランニングコストのかからない排水機能の強化が必要」という結論を、二〇一二年の懇談会（ワークショップ）のときに得たのであった（第四章参照）。将来とも水稲単作でいくのであれば、地域の排水状況はこのままで良いのかもしれないが、経営の多角化、水田の汎用化を考えれば、地域全体の排水機能の強化は必須となる。また振り出しに戻った感じだが、当初から問題とされていたことが、やはり解決されなければならないのである。

それから見落としてはならないのは、「水田の汎用化」は「経営規模の拡大」にとっても必要な基盤条件だという点である。〈納得解〉を〈最適解〉に近づけるために、さらなる農地集積を進める必要性を右で述べたが、そのためにも水田汎用化が鍵を握っているのである。この点については、補論2において最新の水田汎用化技術であるFOEASの導入事例を分析することによって明らかにする。

(3) 非農家参加型の農業水利施設の維持管理

そしてさらに問題となるのが、農業水利施設の維持管理、とりわけ農業水路の法面の草刈りである。問題となる場面は二つある。一つは、担い手農家が耕作している水田周辺の末端水路の法面の草刈りで、一つは、農地所有者らが、多面的機能支払交付金制度の仕組みを活用しながら行っている支線水路の法面や、貯水池の堰堤などの草刈りである。

前者については、担い手農家自身が草刈りを行うには、一部農家（農家A、農家B）にとってギリギリの水準まで経営規模は拡大されてきており、今後、これらの農家が規模をさらに拡大していくには、末端水路の法面の草刈り作業が阻害要因となりうることが明らかとなった。後者についても、地域（農地所有者）で共同管理しているはずの部分が、十分に管理されておらず、その部分も担い手農家に労力の負担となっている事実も明らかとなった。

前者が「私」の領域における資源管理、後者が「共」の領域における資源管理ということになるが、これらを補完していくような仕組みがいま求められている。補完的機能を果たす仕組みには、色々な形態がありうるが、地域で非農家参加型の「草刈り隊」を結成して、担い手農家や、地域の共同作業で不十分な部分を補完することなども、一つの解決方法となるだろう。農文協『季刊地域』三四号には、「「草刈り隊」が流行中」といった特集が組まれ、全国各地の事例が紹介されている(9)。

右の特集で紹介されている事例のうち、ここではJA山形中央会「地域の若手による「草刈り隊」支援事業」（二〇一六年三月～二〇一九年二月）について触れておこう(10)。

この事業は、多面的機能支払交付金制度の活動地域を対象に、同制度を補完する仕組みとしてJA（行政機関ではない点が重要）が創設したものである。事業の内容は、多面的機能支払交付金の活動組織の構成員とＪＡ青年組織の盟友を含めた地域の若手等で構成された「草刈り隊」を結成すれば、立上支援として五万円、活動支援（消耗品購入経費など）として、一〇アール当たり九〇〇円か一時間当たり三〇〇円のどちらか少ない金額を支給するというものである。立上支援の五万円は、税金由来の多面的機能支払交付金とは異なり、若者同士の交流（飲み会）など、何にでも用いることができる点が一番のポイントである。誤解をおそれずに言えば、地域の若者たちに「飲み代を出すから草刈り隊を結成しないか？」と呼びかける事業である。二〇一八年八月現在、山形県内で八隊結成され、うち二隊が活動を開始している。そのうち最も早く活動を開始した川西町高山地区中里集落の「中里青年会草刈り隊」は、集落の青年会（非農家も農家もメンバー）を母体として草刈り隊を結成し、二〇一七年度には、集落の真ん中を通過する町道と支線排水路沿いの（管理が曖昧になっていた）法面八〇〇メートルを対象に、草刈り作業を年二回（計三時間）行っている。まさに、新たに構築した仕組みによる「共」の領域の維持管理である。その活動に対して、「高山地区資源保全隊（多面的機能支払活動組織）」から、活動に参加した「草刈り隊」メンバーに時給一〇〇〇円の賃金が支払われている。これは、「ボランティアでは活動は長続きしない」という意図によるものである。多面的機能支払交付金の活動組織は主に「父親世代」で構成されており、「草刈り隊」は「息子世代」で構成されている。「父親世代」の活動組織から「息子世代」の「草刈り隊」に賃金が支払われる仕組みになっている。ＪＡ山形中央会が創設した仕組みは、地域内の若者（息子世代、農家と非農家の両方を含む）による「草刈り隊」の結成を「飲み代」を出すことで促し、息子世代と父親世代の両世代の間を、草刈り作業と賃金（原資は多面的機能支払交付金）で結ぶ機能も果たしていることとなる。まことに巧妙な仕掛けといえよう。ただし、このような仕組みを設けても、いつもうまくいくとは限らない。ＪＡ山形中央会の三年間の事業でも、実際に活動を開始したのが二団体という点から見ても、そう容易なことではないことがわかる。

これまで地域社会が担ってきた共同作業部分に対応する機能的等価物の再構築については、全国的に試行錯誤がなされている。機能的等価物であるだけに、「これが正解」というものが一つだけあるのではなく、様々な形態（正解）があり得るはずで、そういったものの一部が、農林水産省のホームページに「多面的機能支払交付金事例集」[11]として載っているのである。

5　ビジュアライズの効果と課題

二〇一五年から、七ヶ浜町を再訪して担い手農家による懇談会を再開したのは、ハード面の復興後、農地の集積・集約化や、農業水路の維持管理といったソフト面についての話し合いを行うのに、地理情報システムを用いて、現状や理想的な状況をビジュアライズすることが、話し合いを活性化する効果があると考えたからである。

(1)　ビジュアライズの効果

懇談会（ワークショップ）におけるビジュアライズの効果を、地理情報システムにはじめて七ケ浜町の農地集積状況を搭載し、担い手農家にデモンストレーションした第三回懇談会（二〇一六年十一月二十日）における参加者（担い手農家）の会話から見てみよう[12]。

デモンストレーションでは、聞き取りに基づいた耕作状況に関する情報を、農地基盤地理情報システムVIMSを使って、主題図にして提示（プロジェクターで映写）した。作付け状況の主題図を見せると、参加者の間で以下の会話が始まった。

「ここ耕作放棄？」

「そうだっけ？」

「あー、そうだそうだ」

「耕作放棄地の所有者も分かるのか？」

また、参加農家ごとに耕作農地の分布状況（例えば前掲図5-1）を映写すると、参加者の一人（農家B）から「とびとびだね」という発言があると、もう一人の参加者から「まとめないといけないね」という発言があった。その後、交換耕作の必要性なども議論され、耕作農地の分散状況に関する認識が醸成・共有されたことが確認された。

また第四回懇談会（二〇一八年二月二十八日）において、担い手農家が維持管理している農業水路と、農地所有者による共同管理の農業水路をビジュアライズすると（前掲図5-2）、「毎日草刈りばかりで大変だ。もう少し共同管理の部分を増やしてもらえないかなあ」という発言があったり、農業から離れてしまった農地所有者のコミットメントを強化するような仕組みの導入が議論されたりし、ビジュアライズ技術を組み込んだ話し合いの効果が認められた。

もちろん地理情報システムによりビジュアライズしなくとも、耕作農地が分散していることや、共同管理の水路がどこにあるかなどということは、個々の農家にはわかっていることだが、懇談会（ワークショップ）の参加者相互で再確認し、情報や認識を共有化することが、次の一歩につながる。
ただし、ワークショップ参加者間で情報と認識が共有化されたからといって、農地の所有や利用に関する事柄に関しては、直ちに次の行動に動き出せるというものではない。第四回懇談会では、〈納得解〉と〈最適解〉をビジュアライズしたわけだが、それを見て理解し、認識を共有した参加者が、ある程度時間をかけて、新たな〈納得解〉を形成していくことを期待したい。

(2) 地理情報システムを地域に根づかせるための課題

ところで地理情報システムによりビジュアライズして話し合いを試みた結果、その機能は参加者に高く評価されたものの、システムに対する誤解があることもわかった。

そこで地理情報システムを地域に根づかせるための課題を二点挙げておく。いずれもシステムに搭載するデータに関することである。一つは、データを更新する仕組みが必要となること、もう一つは、そもそも必要なデータを入力しなければ、地理情報システムには何の意味もないことである。

今回、筆者らが地理情報システムに搭載したデータは、筆者らが担い手農家から聞き取った結果を入力したものである。しかも二〇一六年度の実績である。土地利用や農業水利施設の維持管理状況は、毎年少しずつ変化するものである。最初のデータ入力は支援者である筆者らが行うとしても、地理情報システムを地域で持続的に活用していくためには、データを誰かが更新しなければならないことは言うまでもない。

また、次のような誤解もあった。懇談会の中で、ある農家から「農地の土壌条件を見せて欲しい」と発言があった。その農家は、農業に関わる様々な情報が（つまり自分が見たい情報が）、持ち込んだ地理情報システムにすでに搭載されているものだと思いこんでいたのである。地理情報システムは有力なツールであるが、データの入力・更新を誰かが行わなければ、全く使い物にならないただの「箱」である。

たとえば、新潟県の十日町市立里山科学館越後松之山「森の学校」キョロロでは、住民が発見した地域資源を、住民自らがコンピュータを操作して入力し、地理情報システム上に「お宝マップ」を作成していく「松之山フィールドナビゲータ」（その進化版としての「ダイジンガー」）と呼ばれるシステムを構築したが、(13)

住民参加型の計画づくりの場面で、地理情報システムによるビジュアライズ技術を活かそうとしたら、できれば地域住民自身がデータの入力・更新を行っていく仕組みを構築することが必要となる。

なお七ヶ浜町の第四回懇談会においては、タブレット端末に搭載したモバイルＧＩＳの活用により、農家でも現場で手軽にデータの入力・更新ができる技術が紹介された。担い手農家自身によるデータ入力・更新がそれほど難しくない条件が整ってきているのである。

（1） 農林水産省『平成二七年度食料・農業・農村白書』二〇一六年、二一二〜二二三ページ、小野智昭「東日本大震災津波被災地域における水田農業の復興と構造変化―二〇一五年農林業センサスによる統計分析」『農林水産政策研究』三〇号、二〇一九年、二三〜五九ページなど。ただし、これらは二〇一五年農林業センサスデータ（二〇一四営農年度）を用いた分析であるため、復興途上の実態を反映したものである。本章の七ヶ浜町の事例分析は、ほぼ復興した状況での分析となっている。

（2） 幸田和也・福与徳文・重岡徹・八木洋憲「津波被災地における急速な農地集積の進展と課題―宮城県七ヶ浜町の事例から」『農業経済研究』九一巻二号、二〇一九年、二六九〜二七四ページ。

（3） 八木洋憲・福与徳文・幸田和也・重岡徹「津波被災地域における地域農業の展望―宮城県Ｓ町の大区画基盤整備後

における複数主体の農地利用最適化を通じて」『農業経済研究』九一巻二号、二〇一九年、三一七〜三二二ページ。

（4）実際は、農家Bが引き受けている農地の所有者七七名のうち、農地中間管理機構を通しての賃貸借は六三名で、残りの一四名は特定農作業受委託である。

（5）生源寺眞一『現代日本の農政改革』東京大学出版会、二〇〇六年、一一九〜一三〇ページ。

（6）同右、一二九〜一三〇ページ。

（7）生源寺眞一『農業と人間―食と農の未来を考える』岩波現代全書、二〇一三年、一三五〜一三六ページ。

（8）五十嵐瑞稀「津波被災地の六次産業化による農業復興のための農業法人と企業の関わり」茨城大学農学部卒業論文、二〇一八年。

（9）農文協『季刊地域』三四号、二〇一八年、一二〇〜一二九ページ。

（10）小貫えみり「農地集積が進んだ地域における農業水利施設の非農家参加型維持管理促進に関する研究―山形県川西町中里青年会草刈り隊を事例として」茨城大学農学部卒業論文、二〇一九年。

（11）農林水産省ホームページ「多面的機能支払交付金事例集」http://www.maff.go.jp/j/nousin/kanri/jirei_syu.html（二〇一九年十月二十五日確認）。

（12）幸田和也「津波被災地における農地集積の実態と課題解決のための計画策定支援手法に関する研究」茨城大学大学院農学研究科修士論文、二〇一八年。

（13）「松之山フィールドナビゲータ」については、三上光一・永野昌博「農村における博学連携地域学習の教育効果と可能性」『農業および園芸』八三巻一号、一〇四〜一一〇ページ、二〇〇八年を参照されたい。その後、その進化版として新たに構築された「ダンジンガー」をベースに汎用GISにしたものが、七ヶ浜や吉浜で用いた農地基盤地理情報システムVIMSなのである。

補論2　大規模経営と水田汎用化技術ＦＯＥＡＳ

第二部（水田農業編）では、宮城県の津波被災地における農業復興のあり方を考察することを通して、我が国の水田農業の近未来を展望してきた。津波被災地に限らず、我が国の水田農業の将来を考えた場合、経営の規模拡大と多角化は避けてとおれない。そして経営の多角化のための基盤条件としては、水稲以外の作物を作付けられるようにできる「水田の汎用化」が必要条件となる。そこで本補論では、津波被災地から少し離れ、水田汎用化のための基盤技術が、経営の多角化のみならず、経営の規模拡大と密接に関わっていることを、最新の水田汎用化技術の導入事例を分析することにより明らかにする。

なお、この補論で分析する山口県の事例は、宮城県七ヶ浜町における第四回懇談会（二〇一八年二月二十八日、第五章参照）において、筆者が「七ヶ浜農業のこれから―経営の多角化と資源管理」という題目でプレゼンテーションする中で、津波被災地の担い手農家に紹介した事例の一つである。

1　水田汎用化のための最新技術ＦＯＥＡＳ

本補論で取り上げる水田汎用化のための最新技術とは、ＦＯＥＡＳ（Farm Oriented Enhancing Aquatic

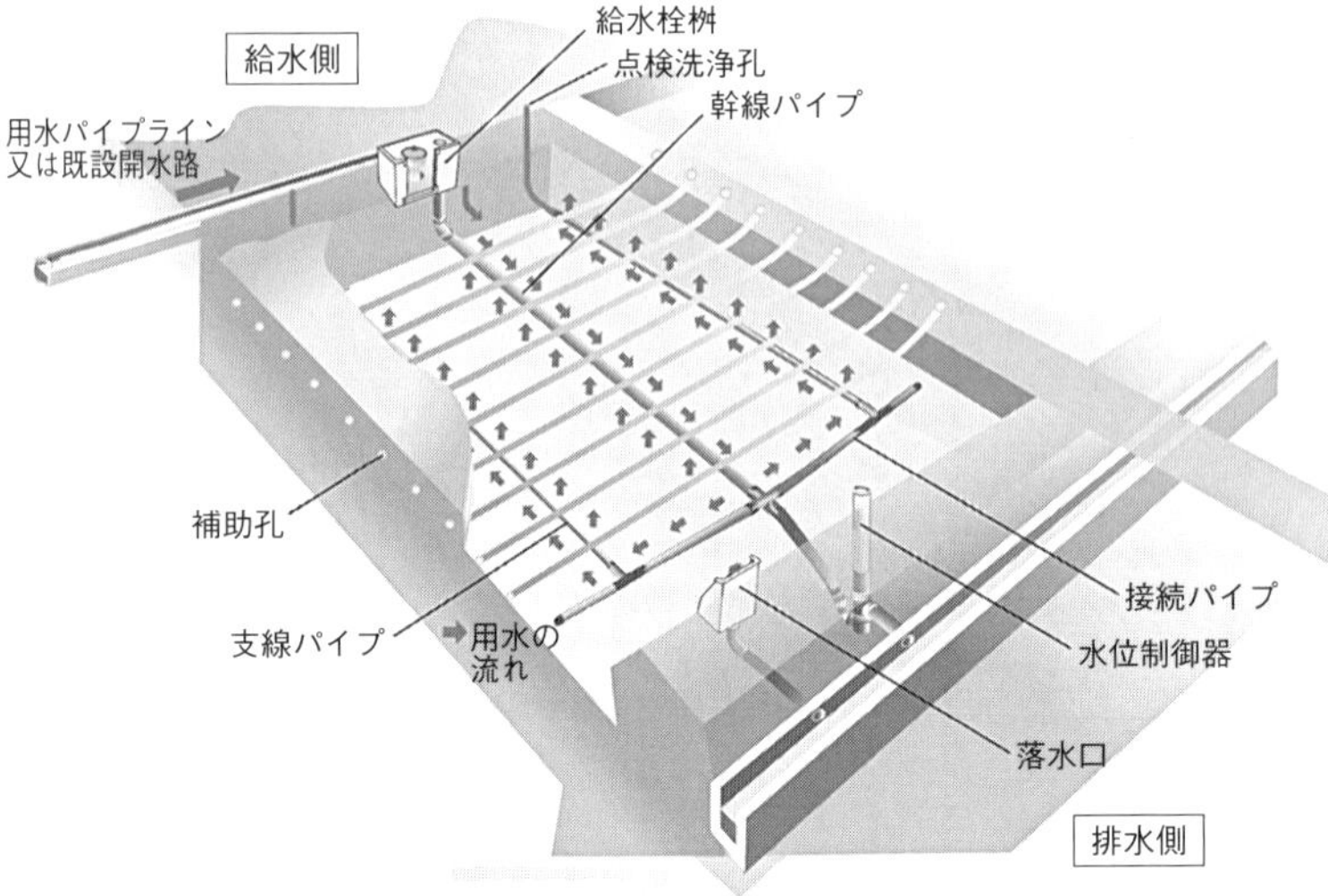

出典：藤森・小野寺[1]

図補2-1　FOEASの標準的なレイアウト

System）である。ＦＯＥＡＳは、農研機構と㈱パディ研究所により共同開発され、地下に埋設された管路網、用水供給施設、水位制御施設から構成される地下水位制御システムで、圃場内の水位をマイナス三〇センチからプラス二〇センチの範囲で自由に設定でき、排水機能と地下灌漑機能の両方を備えた水田汎用化のための農地整備技術である（図補2-1）[1]。

　ＦＯＥＡＳの地下水位制御機能に関しては、既に地下水位調査[2]や利用者へのアンケート調査[3][4]により検証されており、大豆・麦の多収効果についても栽培試験結果が報告されている[5]。また水稲栽培時における用水量の節水効果も指摘され[6]、新たな農地整備技術として大いに注目されている。

　ＦＯＥＡＳの導入は、農地整備事業（国営、補助）を活用して進められており、農林水産省農村振興局農地資源課調べによると、二〇一七年度までで施工済面積は三万五一七ヘクタール、施工計画面積を含めると五万一一四九ヘクタールにのぼる。

ここでは「FOEAS推進のきっかけとなった農業法人[7]」といわれている㈲アグリ楠（山口県宇部市）の事例を、経営者への聞き取り調査と、経営収支データ、水管理データにもとづいて分析することにより、最新の汎用水田化技術が大規模法人経営を支える基盤条件となっているその理由を明らかにする。

2　楠地区の概況

(1)　荒廃した未整備田が最新鋭の圃場に

山口県宇部市楠地区では、耕作放棄の目立つ未整備田を中山間地域総合整備事業（二〇〇七〜〇八年度、地区面積九・四八ヘクタール、整備後の農用地面積六・〇七ヘクタール）によって整備し、地区全体にFOEASが導入された（図補2-2）。

楠地区では高齢化が進み、地域農業の将来展望も描けない状況であった。こういった場合、事業実施に関して農地所有者の合意を得ることはなかなか困難である。なかでも①地元負担金を誰がどのように負担するのか、②整備した農地や水利施設を誰がどのように利用・管理するのか、という課題が解決されないと農地所有者の合意はなかなか得られない。ところが、楠地区では以下のような方策をとることによって、農地所有者に事業実施にむけてのインセンティブを与えることができた。

まず地元負担金に関しては、温浴施設を核とした地域活性化推進拠点である「楠こもれびの郷」を地区内に同時に整備し、その用地（一・七六ヘクタール）を創設非農用地換地[8]で生み出し、それを宇部市へ売却し、

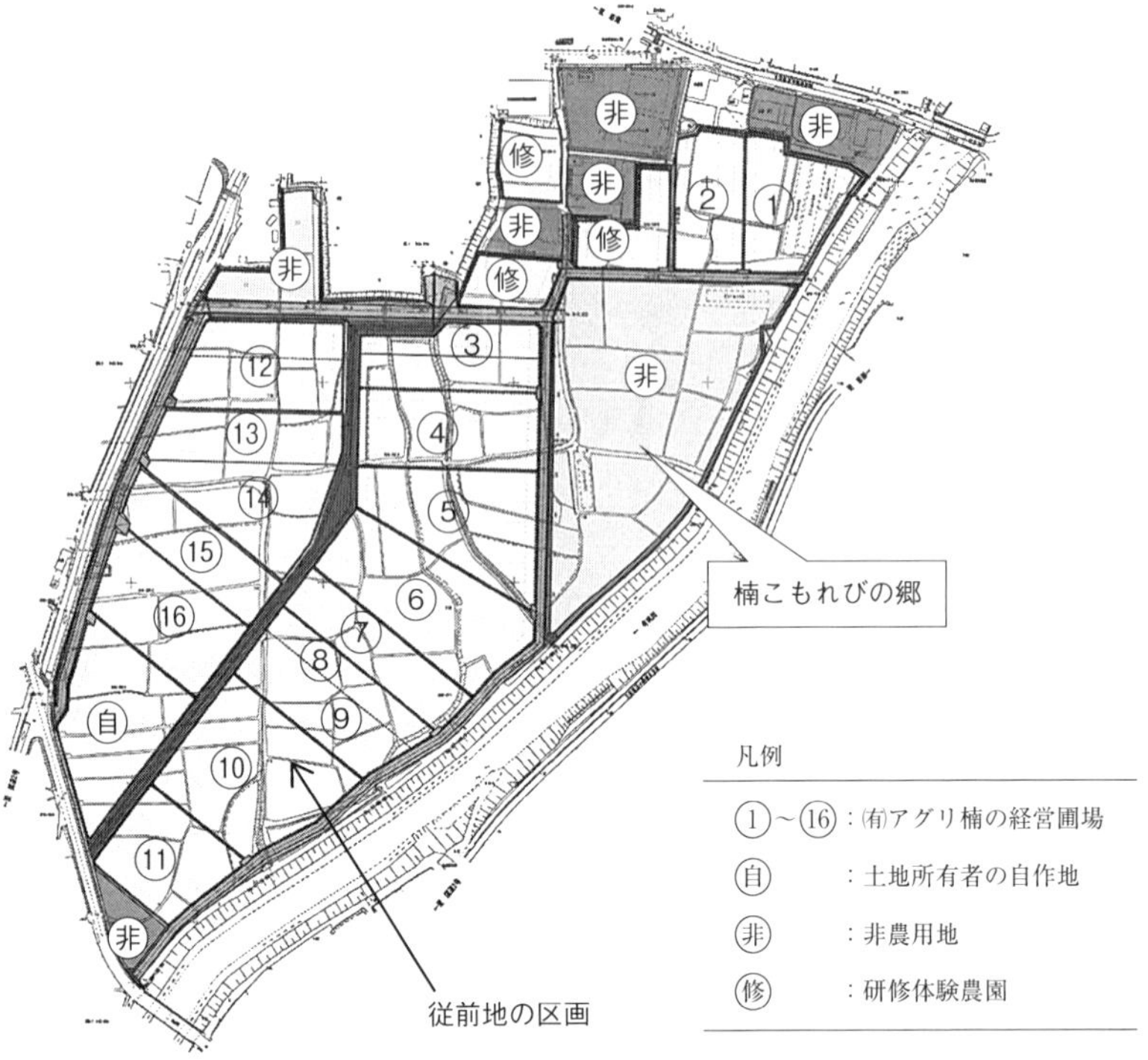

図補 2-2　山口県宇部市楠地区の FOEAS 圃場

売却金を地元負担金に充当した。

こうした方法をとれば、整備後の所有農地面積は減少（配分率九〇・〇八％）するものの、事業の地元負担金を軽減することができる。この場合、農地を売却してその売却金額の一部を地元負担金に充当したのであるから、農地という現物で事業費を負担したとも言える。なお、各農地所有者が施設用地として売却する面積は、事業地区内にある従前農地の面積割合で決められた。わかりやすく言い換えると、土地所有者は、自己の所有農地の一割程度の面積を削って、それを集めて地域活性化施設の建設用地とし、それを市に売却し、その売却益を整備にかかる負担金に充てたということである。

ただ、「楠こもれびの郷」の整備に関しては、企画構想の段階から運営計画づくりに至るまで住民との協働によるワークショップによる検討が重ねられており、施設の運営はワークショップの参加者などが中心メンバーとなった「楠むらづくり株式会社」が行っている。(9)「楠こもれびの郷」には、温浴施設「くすくすの湯」のほか、農産物直売所「楠四季菜市」、農家レストラン「つつじ」、農業研修交流施設「万農塾」が併設されており、地域農産物の販売や都市農村交流の拠点としての機能を充実させている。

そして整備後の水田の「担い手」として白羽の矢が立ったのが、㈲アグリ楠である。整備後の農地は、宇部市が三区画を「万農塾」の研修体験農園として使用し、農地所有者の自作地が一区画残っているほかは、全て㈲アグリ楠が利用・管理している（図補2-2）。このように楠地区では、農地所有者は地代（一〇アール当たり八五〇〇円）を受け取るだけの立場になっており、整備事業を契機に農地の所有と利用の分離が進んだのである。

事業に参加する農地所有者にとっては、所有農地面積は一割程度減少するものの、荒れていた未整備田が負担金もなくきれいに整備され、整備後の農地を管理してもらえる上に地代まで得られるため、事業に参加するインセンティブは大いにあったわけである。

(2) 建設会社を母体にした農業法人

㈲アグリ楠は、地元で圃場整備などを手がけてきた㈲河村建設の農業事業部（水稲作業受託）が発展して、二〇〇五年四月に設立された農業生産法人である。二〇〇七年六月には、一定地域（楠地区とは別の地域）

の農地を引き受ける義務を負うかわりに税制上の特例措置が受けられる特定農業法人に認定されている。経営規模は、法人設立当初（二〇〇五年）は三・五ヘクタールであったが、その後、楠地区のFOEAS圃場を取り込むなどして、二〇一〇年には二〇ヘクタール、二〇一一年は二二ヘクタール、そして二〇一二年には二四ヘクタールと着々と拡大している。

㈲アグリ楠のY代表によれば、長期的には一〇〇ヘクタールまでの規模拡大を目指しているが、機械装備（田植機六条植一台、コンバイン四条刈一台、トラクター四〇馬力一台、一一〇馬力一台、乾燥機五〇石一台、三〇石一台）を前提にすると、当面の規模拡大目標は三〇ヘクタール程度であるという。

さて法人経営が規模を拡大していくためには、雇用労働の導入が不可欠となる。㈲アグリ楠では、設立当初、常勤職員は二名だったが、経営規模の拡大に合わせて現在では四名雇用している。これらの常勤職員は建設会社（農業法人の母体）の職員ではなく、新たに山口県立農業大学校の卒業生などの若者を雇い入れている。この法人経営の規模拡大に欠かせない常勤職員の雇用の維持が、最新の汎用水田技術であるFOEAS導入と大いに関係しているのである。

3　法人経営の持続的発展とFOEAS

⑴　法人経営者が必要とする水田基盤条件

㈲アグリ楠のY代表が、事業地区全体の農地の利用・管理を行う経営者として、楠地区の整備に求めた条件は次の三つである。

①農業機械のアクセス――どの圃場へも農業機械が容易にアクセスできること。

②農業水路維持管理の省力化――水路法面の草刈りなど、農業水利施設の維持管理に関する負担を極力小さくすること。とくに用水路のパイプライン化は必須である。

③水田の汎用化――水田で一年中作物が収穫・出荷できるようにすること。

実際に整備された圃場（図補2-2）を見ると、周囲に農道が配置されて農業機械が容易にアクセスできるようになっている上、用水路には自然圧パイプラインが採用されている。そして「水田で一年中作物が収穫・出荷できるようにすること」という条件に応えて導入されたのがＦＯＥＡＳなのである。

楠地区の整備が実施された時期は、山口県でちょうどＦＯＥＡＳの導入がはじまった時期にあたり、行政側（宇部市）から最新の水田汎用化技術としてＦＯＥＡＳが紹介され、Ｙ代表自身が試験圃場を見学してその効果を確認し、事業参加者（土地所有者）の同意を得た上で導入を決めた。

(2)　なぜ水田の汎用化が必要か

㈲アグリ楠が楠地区の圃場全体の耕作を請け負うにあたって、なぜ「一年中作物が収穫・出荷できる」という水田汎用化のための技術が必要だったのだろうか。この点に関してもＹ代表にきいたところ、次のような答えが返ってきた。㈲アグリ楠は、常勤職員を四名、非常勤職員を二名雇用しており、とくに常勤職員の雇用を維持していくためには、一年中仕事があり、売上があることが必要となる。つまり一年中収穫・出荷する作物があることが必要だというのである。このためには地下水位を自由に制御し、水田に一年中様々な作物を栽培することができるＦＯＥＡＳはまさに求めていた技術だったというのである。

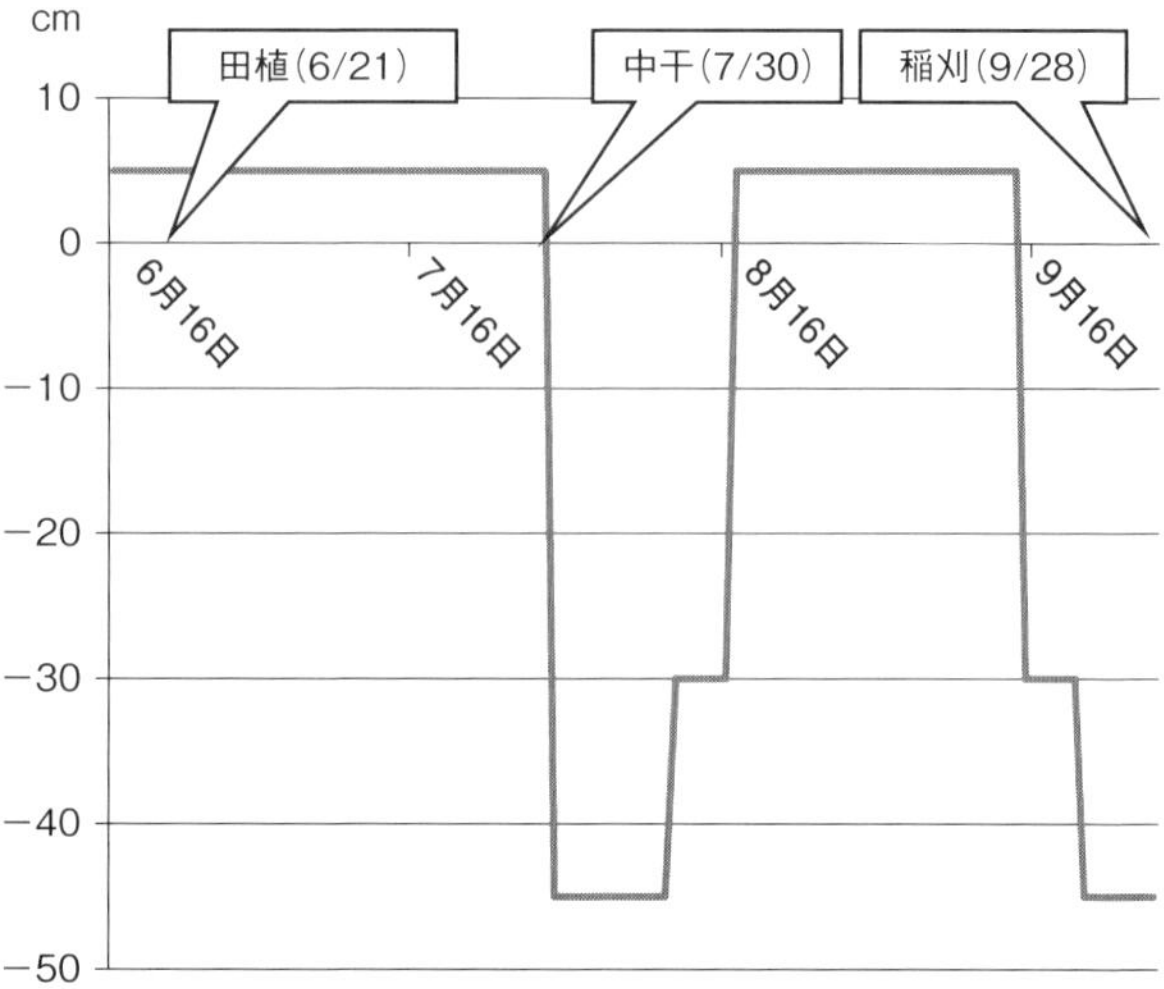

図補2-3　水稲栽培(2011年)における水位制御器の設定値

㈲アグリ楠の二〇一一年度の収支をみると、労務費が総費用の四一％を占める。従業員（とりわけ常勤職員）の雇用をいかに維持していくのかという点が、法人による企業的経営の持続的発展にとって重要なのである。

(3)　ＦＯＥＡＳ圃場における栽培と水管理

それでは、㈲アグリ楠のＦＯＥＡＳの利用実態と導入効果を具体的に検証してみよう。まず、ＦＯＥＡＳ圃場をどのように利用しているのか、ＦＯＥＡＳ圃場における水管理と栽培作物の実態を見ておく。図補2-3は、二〇一一年度の水稲栽培における水位制御器の設定値の推移である。

ＦＯＥＡＳ圃場の水稲は麦収穫後に作付けるため、六月十五日に「田起こし」、六月十八日に「代掻き」、六月二十一日に「田植え」と、一般的な水稲栽培暦よりも遅くなっている。「中干し」までは（田植えで一旦落水するものの）水位制御器の設定はプラス五センチを維持する。七月三十日の中干しでは水位制御器を開放して（マイナス四五センチ）、落水する。落水は、一般的な暗渠排水の場合、落水口と暗渠排水によって行われるが、ＦＯＥＡＳ圃場の場合、それらに加えて

図補 2-4　FOEAS 圃場における作付（2011-12 年）

用水側の給水栓枡にある地下給水孔からも排水できる点が特長として挙げられる。圃場の用水側と排水側の両方から排水されるため、一般的な暗渠排水では用水側と排水側で不均等になりがちであった排水が均一になされ、中干しの亀裂も均質に生じることが期待される。FOEASが一般的な暗渠排水に比べて排水性能が高いといわれる理由の一つがこの点にある。㈲アグリ楠のY代表は、「中干しでしっかりひび割れができるかどうかで、冬の作業能率が決まる」と述べ、「水稲から麦やタマネギといった畑作物に移行するとき、FOEASの効果は抜群である」と高く評価していた。

中干し後は、再び湛水する八月十七日の少し前の八月十一日から六日間マイナス三〇センチに設定し、地下水位を上げておき、湛水するための準備を行う。そして再び湛水した後に、九月十五日に落水し、六日間だけまたマイナス三〇センチに水位を設定し、その後、水位制御器を開放して完全に水を落とし、九月二十八日に「稲刈り」を行っていた。

そして水稲栽培後（二〇一一～一二年度）の畑作物の栽培状況は図補2-4のとおりである。水稲の栽培後には麦、タマネギ、ナス、はなっこりーの四種類の畑作物を栽培している。畑作物を作付けるときは、いずれの作物でもFOEASの水位制御器を常時開放（マイナス四五センチ）しており、FOEASの排水機能のみを利用している。楠地区では、土壌の粘性が強いため、FOEASの持つ高い排水機能にウェイトを置いた利用がなされているが、その排水機能一つとっても、一般的な暗渠排水システムを上回る性能を持っていることは前述したとおりである。

(4) フォアスの売上への影響

㈲アグリ楠の二〇一一年度の売上高は約二四〇〇万円で、作物別の売上高の割合(%)は図補2-5のとおりである。水田汎用化によって畑作物を導入し、経営多角化を図ったといっても、売上全体に占める水稲の割合がまだ多く、全売上の六一%を占める。水稲以外では、ナスが全売上の二三%、はなっこりーは九%、タマネギは五%、麦はわずか一%である。

月別の売上高と主な畑作物の出荷時期を図補2-6に示す。これを見ると、水稲の出荷最盛期である十月の売上が突出して多く、ナスの出荷最盛期である八月と九月の売上がそれに次いで多いほかは、一ヶ月当たり一〇〇万円くらいの売上でほぼ一定している。一〇〇万円という金額は、若い常勤職員四名の一月当たりの人件費に相当するくらいの額である。そういった意味では、「常勤職員の雇用維持のため」という水田汎用化（FOEAS導入）の目的は一定程度達成されているといえよう。

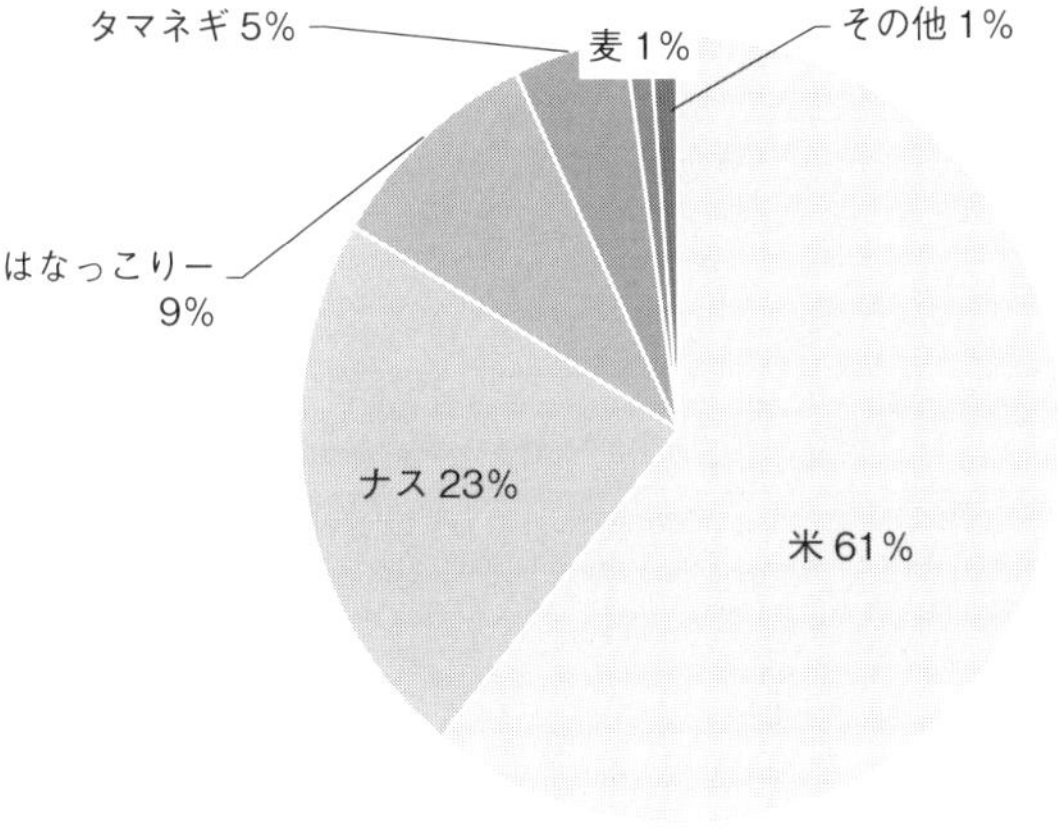

図補2-5　作物別の売上割合（%）

現在のところ（二〇一一年度当時）、㈲アグリ楠が経営する圃場二二ヘクタールの中で、水稲以外の作物が作付けられているのはFOEAS圃場五ヘクタールだけである。残りの一七ヘクタールは、汎用水田になっておらず、水稲以外の作物が作付けられないため、水稲だけが栽培されている。この点から考えても、FOEAS導入による水田の汎用化が「常勤職員の雇用維持」ひいては「大規模法人経営の持続的発展」に貢献しているといえるだろう。

そして現状の月別売上高（図補2‐6）は、㈲アグリ楠の経営を今後発展させていくための道筋も明確に示してくれる。いまのところ常勤職員の人件費相当分の売上高にとどまっている月（一～七月、十一、十二月）の売上をいかに増やしていくのかが、次の経営発展のための課題となる。このことはY代表自身も充分認識しており、当面は、売上を一ヶ月当た

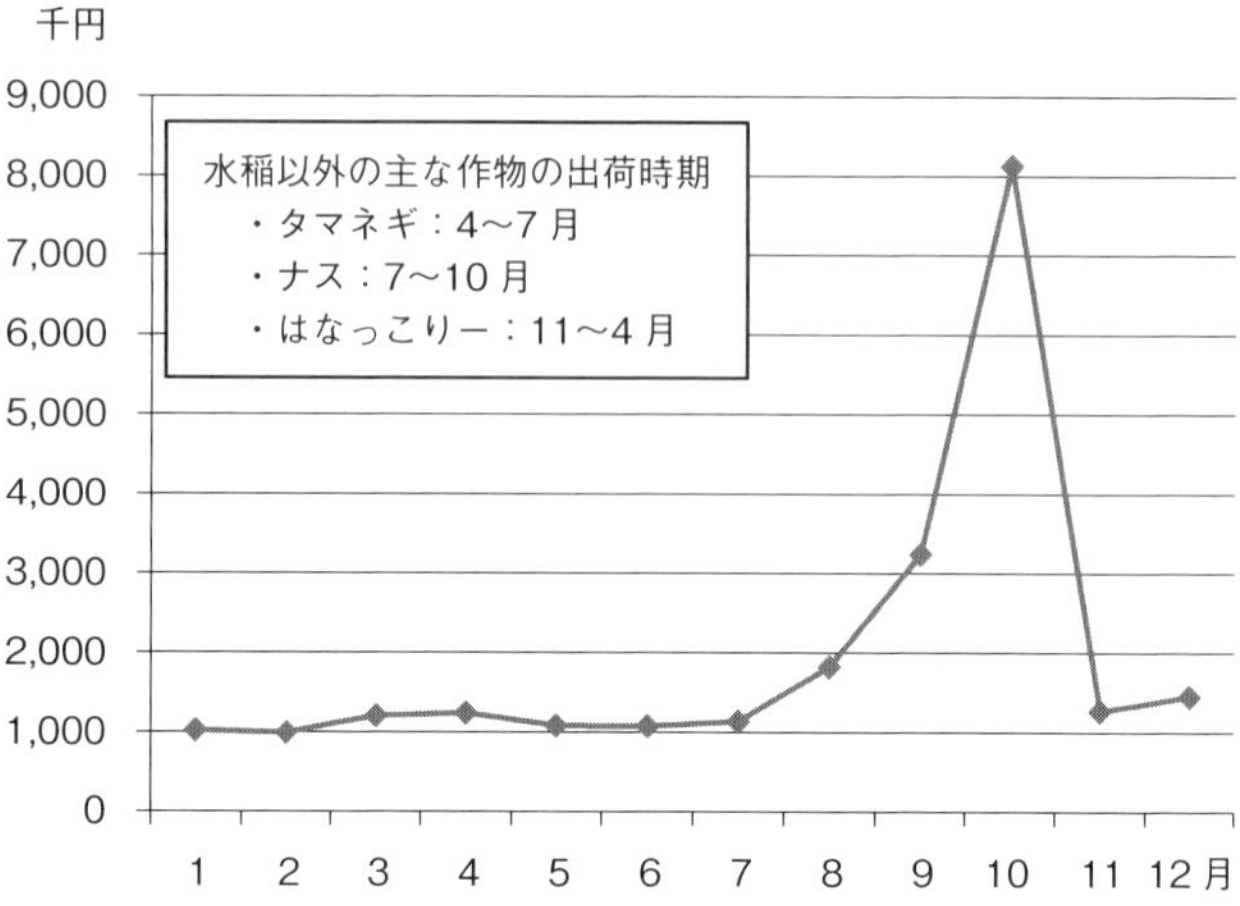

図補2-6　アグリ楠の月別売上（2011年度）

り一〇〇万円くらいから一五〇万円くらいに上げていくことを目標にしているときく。もしこれが達成されれば、㈲アグリ楠の年間売上は五〇〇万円程度上がることになる。そしてそのために必要なのが、①高収益が期待できる新たな畑作物の導入と、②汎用水田（ＦＯＥＡＳ圃場）の増設なのである。

4　地域社会との関係

本補論の最後に、楠地区における地域社会と農地および農業水利施設との関係について述べておく。地域社会と水田農業との関係は、第二部（水田農業編）のメインテーマの一つである。

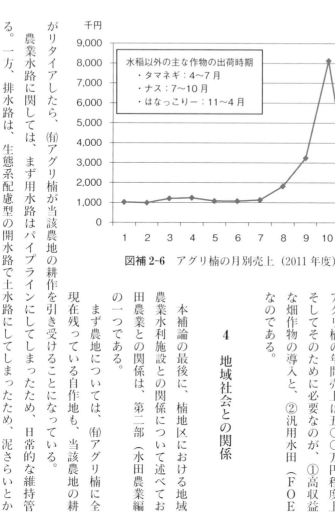

まず農地については、㈲アグリ楠に全面的に預けている。現在残っている自作地も、当該農地の耕作者（＝所有者）がリタイアしたら、㈲アグリ楠が当該農地の耕作を引き受けることになっている。

農業水路に関しては、まず用水路はパイプラインにしてしまったため、日常的な維持管理作業は不要である。一方、排水路は、生態系配慮型の開水路で土水路にしてしまったため、泥さらいとか水路法面の草刈りが維持管理作業として必要となる。これについては農地所有者が実施するというよりは、㈲アグリ楠の母体である建設会社に維持管理作業を㈲アグリ楠から委託している。

以上より楠地区においては、農地と農業水路の維持管理には、地域社会は一切かかわらない方式となっている。本書の第五章では、「草刈り隊」の結成など、非農家も含めて、地域住民の農地や農業水路への関わりを強くする方向の事例を紹介したが、楠地区の場合、農地と農業水路への地域住民の関わりをほぼ無くしていったという事例になる。

本書においては、これまで、生源寺のいう「水田農業の二層構造」のうち「基層――資源調達をめぐって農村コミュニティの共同行動に深く組み込まれた層[10]」の空洞化に対処して、その機能的等価物の再構築の必要性を述べてきた。機能的等価物は、機能が同じであれば様々な形を取りうるわけで、楠地区のように、地域社会が関わりを持たなくなる形というのも、そのうちの一つである。

では楠地区において、地域社会（地域住民）は、地域の農業と全く関わりを持たなくなったのかというと、そんなことはないのである。創設非農用地換地で生み出した「楠こもれびの郷」（農産物直売所、農家レストラン）の運営を、ワークショップ参加者などが中心メンバーとなった「楠むらづくり株式会社」、すなわち地域社会から派生した組織が担っているのである。

（1）藤森新作・小野寺恒雄「FOEASの特徴」、藤森新作・小野寺恒雄編著『水田農業自由自在―地下水位制御システムFOEAS―導入と活用のポイント』農文協、二〇一二年、三七～五〇ページ。

（2）藤森新作・小野寺恒雄「FOEASは暗渠・明渠・従来型地下灌漑施設と何が違うか」、藤森・小野寺編同右、一八～二〇ページ。
（3）藤森新作・福与徳文「アンケートに見るFOEASの効果と課題」、藤森・小野寺編同右、三〇～三六ページ。
（4）福与徳文「地下水位制御システムFOEASが導く水田農業の近未来」『農林水産技術研究ジャーナル』三五巻九号、二〇一二年、三六～四〇ページ。
（5）島田信二「畑作物栽培時の地下水位制御方法」、藤森・小野寺編前掲書、八三～八九ページ。
（6）若杉晃介「FOEAS施工による営農効果と用水量」、藤森・小野寺編前掲書、二一～二四ページ。
（7）村岡賢一「FOEAS推進のきっかけとなった農業法人―山口県宇部市特定農業法人アグリ楠」、藤森・小野寺編前掲書、一一〇～一一二ページ。
（8）換地計画の特例取扱いの一つである創設非農用地換地とは、従前の土地がないにもかかわらず換地を非農用地区域内に新たに定めるというものである。計画的に土地利用を整える機能と、計画的に新たな非農用地を生み出す機能を持つ。新たな非農用地は、共同減歩や不換地・特別減歩によって生み出される。楠地区の場合、計画的に新たな非農用地が共同減歩によって生み出されたことになる。なお土地改良事業の換地処分について詳しくは、森田勝『〔新訂〕要説土地改良換地』ぎょうせい、二〇〇〇年を参照されたい。
（9）内田文雄「農村地域における公共建築デザイン―農村地域のマネジメントの拠点としての公共建築へ―」『農村計画学会誌』三〇巻三号、二〇一一年、四七四～四七七ページ。
（10）生源寺眞一『農業と人間―食と農の未来を考える』岩波現代全書、二〇一三年、一六三～一七一ページ。

第六章　地域社会の機能的等価物の再構築へ

本章では、津波被災地における担い手農家への農地集積に関わる課題、とりわけ水田農業と地域社会との関係について、第二部（水田農業編）冒頭で紹介した生源寺の「水田農業の二層構造」（上層／基層）に、社会学の諸概念（ゲマインシャフト／ゲゼルシャフト、交響圏／ルール圏、生活世界／システム）を当てはめることにより考察する。

1　水田農業の二層構造と農政

(1)　水田農業の二層構造

ここで生源寺の「水田農業の二層構造」[1]を改めて振り返っておこう。生源寺は、わが国の水田農業を「①上層——市場経済との絶えざる交渉のもとに置かれた層、②基層——資源調達をめぐって農村コミュニティの共同行動に深く組み込まれた層」という二層構造として描いている。この「基層」における農村コミュニティの共同行動により調達されてきた資源の一つが、農業水路なのである。そして生源寺は、このように共同管理される農村の資源をコモンズの特質をもっているとした。

第四章で紹介した亘理町の座談会において、担い手農家から出された「大規模農家は小規模農家によって支えられている。大規模農家だけ育成しても仕方がない」、「集落の力をかりないと農業はやっていけない」といった発言は、まさに水田農業が「大規模農家で構成される層（上層）」と「小規模農家も含めて構成される地域社会の層（基層）」の二層構造であること、そして担い手農家（上層に属する）自身が、自分たちが基層によって支えられていることを自覚しており、そのことを指摘していたのである。

草刈りや泥さらいなど、農業水路の維持管理にかける労力が限りなく軽減される施設、いわばメンテナンス・フリーの施設にでもならないかぎり、これまで地域社会が果たしてきた農業水路の維持管理機能（資源管理機能の一つ）と同等の機能を持つ仕組み、すなわち地域社会の機能的等価物[2]を再構築することが必要となる。

もちろん地域社会の機能的等価物の再構築は、津波被災地だけの課題ではなく、わが国の農村全体で要請されていることなのである。津波被災地では、災害によって多くの農家が離農し、この課題が残された担い手農家に急激に突きつけられた形になっているが、遅かれ早かれ全国の農村が対峙していかなければならない課題なのである。

農林業センサスによれば、一農業集落あたりの非農家率は、一九六〇年には三九％であったのが、一九七〇年に五四％になり、二〇〇〇年には八九％になった。わが国の農村は高度経済成長期に、外側からは都市住民が流入し（ベッドタウン化）、内側では兼業化が進行し、農家と非農家が混在して居住する「混住化社会」となった。初めて「混住化社会」という言葉が用いられたのは、一九七二年の『農業白書』である。[3] それからさらに兼業深化と代替わりによる非農家化（土地持ち非農家化）が進むことにより、農村に居住する住民の多くが非農家となるに及び、農村社会の「脱農化」が進んだ。農林業センサスのデータによれば、もはや集落に居住する住民のほとんどが非農家なのである。

「混住化社会」という言葉を用いた場合、農村社会における価値観と行動様式の多様化や、新住民（非農家）と旧住民（農家）のコンフリクトを問題としてきた。[4] 一方、「脱農化」という言葉で問題とされるのは、農村住民の多くが農業生産から離れることにより、農地や農業水利施設に対して無関心になるという点である。[5] 生源寺の「水田農業の二層構造」の「基層」は混住化、脱農化により機能低下し、「上層」を支えられない状況になってきたというのが、わが国の農村の一般的な姿なのである。

この問題に応えるために政府（農林水産省）が打ち出した政策が、二〇〇七年度から本格的に開始された「農地・水・環境保全向上対策（現、多面的機能支払交付金）」なのである。この政策は、政府が地域の資源管理を行う活動組織に交付金を支給することにより、「多様な主体による資源管理」体制を構築しようというものである。つまり「基層」の機能的等価物を、政府が支援して再構築しようという制度なのである。ちなみに同時期に、担い手農家をターゲットにした品目横断的経営安定対策が開始されている。これは、二層構造のうち、「上層」を支援するための施策と位置づけられる。農林水産省は、農業の収益性向上と競争力強化を目指した「産業政策」と、農村の地域資源の保全・活用や地域社会の維持・活性化を目指した「地域政策」を、農政の「車の両輪」と位置づけており、[6] 食料・農業・農村政策審議会の会長として農政に関与してきた生源寺が描く「水田農業の二層構造」は、まさに農政の「車の両輪」とシンクロしているのである。

(2) 「基層」と多面的機能支払交付金

「基層」の機能的等価物を再構築するために創設された多面的機能支払交付金制度には、現在（二〇一九年時点）、「農地維持支払」と「資源向上支払（共同活動、施設の長寿命化）」の二つの仕組みがある。前者は農業者だけで活動組織を構成でき、後者のうち「共同活動」では、地域住民や都市住民、NPOなど、農業者以外のメンバーを含めて活動組織を構成することが交付金支給の要件となっている。[7] 活動内容も、「農地維持支払」では、地域社会でこれまでも取り組んできたような共同作業レベルの維持管理作業を行うだけで良いのに対して、「資源向上支払」では、環境保全活動（植栽による景観形成など）や、施設の長寿命化（水路・農道の補修や更新など）のための活動を行うことにより、「農地維持支払」以上の交付金が積み上げ方式で支給される仕組みとなっている。具体的には、①「農地維持支払」の活動には（二〇一九年時点、都府県の田の場合、以下同じ）一〇アール当たり三〇〇〇円が、②「資源向上支払（共同）」には二四〇〇円が、③「資源向上支払（施設の長寿命化）」には四四〇〇円が支払われ、①のみの場合は三〇〇〇円が、①②に取り組むと五四〇〇円が、①②③に取り組むと九二〇〇円が活動組織に支給される。

そして筆者が着目するのは、制度発足当初の農地・水・環境保全向上対策と、現行の多面的機能支払交付金制度との違いである。特に異なる点が、地域社会がこれまでと同様の共同作業を行うだけで交付金が支払われる「農地維持支払」の部分である。当初の農地・水・環境保全向上対策では、農地や農業水利施設の維持管理に関する通常の共同作業に対しては、実施することは当然のこととして（交付金支給の要件にはなっていたが）、この部分には交付金は支払われていなかった（つまり現行の「農地維持支払」の部分は無償であった）。これに対して二〇一四年度からは、この基礎的な部分を「農地維持支払」として新設し、この部分にも交付金が支給されるようになったのである。しかも二〇一四年に「農業の有する多面的機能の発揮の促進に関する法律」が成立し、それまで予算措置にすぎなかった制度が、二〇一五年度から法律的な裏づけを持った制度になった。制度発足当初は、これまで地域社会で行ってきた共同作業を下敷きにし、それにプラス・アルファーの活動を行った場合に交付金が支給されるという仕組みだったのが、これまで地域社会が無償で実施してきたような普通の共同作業にも、政府から交付金が支給されるようになったのである。

したがって現時点において、生源寺のいう「基層」における共同活動は、もはや全域的に（かりに地域社会が充分に機能しているような場合でも）、政府によって資金的な支援を受けられる状態になったのである。別の言い方をすると、かつては「無償」で行われていた地域社会による共同作業に、（政府から支給される交付金から）賃金を支払うことができるようになったのである。多面的機能支払交付金制度は、地域社会の機能低下に対応して創設され、さらに増強されてきた制度であるが、いままで「無償」であった共同活動が「有償」になれば、かえって「金の切れ目が縁の切れ目」といった事態を招きかねない状況や、本制度なしでは地域社会（あるいはその機能的等価物）による共同作業が成り立たない状況をつくりだしていることにもなる。

本編の第四章、第五章の舞台となった宮城県七ヶ浜町でも、震災後、「農地維持支払」の仕組みが出来てから多面的機能支払交付金制度の活動に取り組みはじめ、共同作業に出役した農地所有者に日当が支払われている。「農地維持支払」であれば、農業者だけで活動組織を構成でき、通常の維持管理作業を実施すれば交付金が支給されるため、取り組み易くなったのがその理由である。

ところで生源寺は、「基層」において共同行動により調達される資源の領域をコモンズとして捉えていたが、七ヶ浜町では、多面的機能支払交付金を活用して共同で行う草刈りなどは、ため池堰堤や支線水路の法面などに限定されていた。その一方で、農業水路の総延長の多くを占める末端水路の法面は、「利益を生むところは利益を得る人がやる」という原則で、担い手農家により管理されており、担い手農家が共有財産の管理を分担しているというよりも、「私」の領域の管理という性格が強くなっていたといえよう。つまり地域社会からコモンズとして認識されている領域が狭まっているのである。

2　機能的等価物における人と人との関係

(1)　対自的なゲマインシャフト?

「基層」の機能的等価物、すなわち地域社会の機能的等価物を、多面的機能支払交付金制度などを活用して再構築するとして、その中の人と人との関係はどのような性格を持つのであろうか。ここでは、それを社会学の古典的な概念に当てはめて考察する。

「水田農業の二層構造」の「上層/基層」の二区分に当てはまる社会学の古典的概念としてまず思い浮かぶのが、テンニエスの「ゲマインシャフト/ゲゼルシャフト」である。[8]ゲマインシャフトが「本質意志に基づく関係態」で、ゲゼルシャフトが「選択意志に基づく関係態」で、近代化とは、「ゲマインシャフトからゲゼルシャフトへ」と発展することであるという歴史的概念として、テンニエスはこの分類を位置づけた。

社会学者の大澤真幸は『社会学史』[9]において、ゲマインシャフトの「本質意志」を、家族を例に、「理由や目的があって互いを選んだわけではない宿命的な集まり」とし、ゲゼルシャフトの「選択意志」を、会社を例に挙げ、「特定の目的があって、その目的に同意でき、かつ貢献できるものが選択的に集まり、そこに参加していること」と嚙み砕いて解説している。そして社会学においては様々な社会学者が様々な社会の分類を行っているが、多かれ少なかれ、「ゲマインシャフト／ゲゼルシャフト」の変形版、改訂版であると述べている。そして、前述した大澤も、また富永健一[10]も指摘していることだが、アメリカの社会学者タルコット・パーソンズが『社会体系論』[11]で提示した五組のパターン変数は、ゲマインシャフトとゲゼルシャフトの中に暗黙のうちに含まれている特徴を分解して取り出したものである。五つの組み合わせとは、「感情性／感情中立性」、「集合体指向／自我指向」、「個別主義／普遍主義」、「帰属性／業績性」、「無限定性／限定性」であり、変数のうち前者を串刺したものが「ゲマインシャフト」で、後者を串刺したものが「ゲゼルシャフト」である。現実に存在する組織や集団における人と人との関係は、この組み合わせ（理論的には$2^5=32$とおり）により、様々な性格を持ちうる。したがって、新たに構築される地域社会の機能的等価物の中の人と人との関係も、パーソンズのパターン変数を用いれば、理論的には三二とおりの可能性があることとなる。

さて本章では、「ゲマインシャフト（人格的な関係）／ゲゼルシャフト（脱人格的な関係）」という分類軸に、「即時的（意思以前的な関係）／対自的（自由な意思による関係）」という分類軸を交差させ、二つの軸で「社会を形成する仕方」として（つまり歴史的概念としてではなく、論理的な概念として）四つの類型に分類した見田宗介の類型[12]を用いて、津波被災地の「水田農業の二層構造」の解釈を試みよう。もちろん、見田の四類型は、大澤が指摘しているところの「ゲマインシャフト／ゲゼルシャフト」の変形版、改訂版に当たる。大澤によれば、見田の四類型はパーソンズの五つのパターン変数のうち「無限定性／限定性」を重視し、見田流にアレンジしたものである[13]。

さて見田宗介によれば、社会の存立の機制は、「ゲマインシャフト（人格的な関係）／ゲゼルシャフト（脱人格的な関係）」、「即時的（意思以前的な関係）／対自的（自由な意思による関係）」という二軸の組み合わせにより、以下の四つに分類される。①共同体（即時的なゲマインシャフト）――伝統的な家族共同体、氏族共同体、村落共同体のように、個々人が自由な選択意思による以前に、「宿命的」な存在として全人格的に結ばれあっている社会。②集列体（即時的なゲゼルシャフト）――市場における個々人の「私的」な利害追求にもとづく行為の競合のように、どの当事者の意思からも独立した、客観的な「社会法則」を貫徹せしめてしまう社会。③連合体（対自的なゲゼルシャフト）――「会社」とか「協会」とか「団体」のように、個々人がたがいに自由な意思によって、特定の、限定された利害や関心の共通性、相補性等々によって結ばれた社会。④交響体（対自的なゲマインシャフト）――さまざまな形の「コミューン的」な関係性のように、個々人がその自由な意思において、人格的に呼応し合うという仕方で存立する社会。

この四類型に、津波被災地や現代農村が抱えている課題を絡めながら、生源寺の「水田農業の二層構造」を位置づけると次のようになる。

まず、津波被災地においては既に多く現れ、わが国農村全体でも近い将来に大宗を占めることとなる大規模経営体の内部の人間関係は、法人化され、経営と家計が明確に切り離され、雇用労働が導入され、経営体内の「脱人格的な人間関係」のウェイトが高まれば、それを「連合体」（対自的なゲゼルシャフト）と位置づけることができよう。そして、その大規模経営体が「上層」で絶えざる交渉を行う「市場」における人と人との関係あるいは組織と組織の関係は、「集列体」（即時的なゲゼルシャフト）と位置づけられよう。

一方、「基層」である地域社会は、もともと「共同体」（即時的なゲマインシャフト）の典型例であったわけだが、津波被災地では震災による地域社会の機能喪失により、また、わが国の農村全体では「混住化」、「脱農化」により、従来の「共同体」は空洞化し、その機能的等価物を再構築する必要が生じていると位置づけられよう。そして新たに構築される「共同体」の機能的等価物は、（機能が同等であればよいわけなので）様々な形態をとりうる。したがって、そこにおける人と人との関係の性格も様々である。もし地域住民が、ボランティア参加する非農家や都市住民などと、新たに農業水路などを維持管理する「共同体」のような「人格的な関係」にウェイトをおいた仕組みを構築できたとすれば、自由な意思による「人格的な関係」であるため、見田の分類で言えば、「交響体」（対自的なゲマインシャフト）と位置づけることができよう。仮にかつての「共同体」と同じメンバーで再構築したとしても、「対自的に」再構築される「人格的な関係」ということになるので、「交響体」ということになる。一方、資源調達（農業水路法面の草刈りなど）を業者に対価を支払って実施してもらうような場合、その場面における人間関係は「集列体」（即時的なゲゼルシャフト）的なものになるし、集落営農組織を立ち上げ、法人化し、その法人のビジネスの一環として組織的に草刈りなどの維持管理作業が行われれば、その集落営農組織内部の人間関係は「連合体」的な人間関係ということになる。

業者に対価を支払って農業水路の維持管理を行う場合も含めて、地域社会の機能等価物における人間関係が、「人格的な関係」なのか「脱人格的な関係」なのかは、必ずしも明確に割り切れるものではない。それぞれの組織・集団の内部の人間関係は、「人格的な関係」と「脱人格的な関係」が混在するため、そのウェイトの問題となる。

(2) ルール関係がベースに

このような問題に答えるため、見田宗介は、人と人との関係を〈交響関係〉／〈ルール関係〉という、同一の関係の中の成分（様相）、ドミナンス（相対的な優位）としてとらえかえしている[14]。〈交響関係〉とは、生きることの意味と歓びの源泉である限りの他者、そういった他者との交歓関係のことで、〈ルール関係〉とは、生きることの困難と制約の源泉である限りの他者、そういった他者と折り合いをつけて生きていくために必要なルールによる関係のことである。様々な組織・集団の中の人間関係には、〈交響関係〉と〈ルール関係〉が存在し、その相対的割合が異なるというのである。そして見田は、〈交響関係〉が相対的に優位である圏域を〈交響圏〉とし、〈ルール関係〉が相対的に優位な圏域を〈ルール圏〉とし、両者が拮抗するような圏域を中間領域としている。

家族は、かつても今後も〈交響関係〉の割合が高い集団として存在しつづけるであろうし、かつての農村の地域社会も、家族と比べれば〈ルール関係〉の割合が高くなるものの、やはり〈交響圏〉のうちに位置づけることができるだろう。問題は、地域社会の機能的等価物として想定されるものは、どのように位置づけられるかである。

見田は、現代の都市的な「地域社会」について、ルール性を基底におきつつも、直接の交響性の、適度な濃度／淡度の香気のごときものを、日常の生活のうちに味わって楽しむこともできるものと性格づけている[15]。従来の農村の地域社会（村落共同体）は、家族と同様、「共同体」（即時的なゲゼルシャフト）に位置づけられるものの、家族よりは〈ルール関係〉の成分が多かったものと考えられる。新しく構築される機能的等価物は、さらに〈ルール関係〉の成分が多い仕組みになることが、多くの場合、想定される。多面的機能支払交付金制度を活用して、共同作業に出役したメンバーに賃金を支払っている現実から見ても、また地域の若者たちが「草刈り隊」を結成した事例でも時間給が支払われている現実から判断しても、再構築される地域社会の機能的等価物は〈ルール関係〉をベースに構築され、その上で〈交響関係〉が生まれていくような人間関係を想定しておいた方が良いだろう。ただし、機能的等価物だけに様々な形態をとりうるわけで、結局、〈ルール関係〉と〈交響関係〉の相対的割合は、ケース・バイ・ケースということになる。

3　地域社会の機能的等価物を再構築するための方策

(1)〈生活世界〉の空洞化と〈システム〉の全域化

それでは、どのようにして地域社会の機能的等価物を再構築していくのか、その方法については、「生活世界／システム」の概念を用いて考察する。この概念に関しては、本書ではすでに第三章において言及している。同章では、「災害に強い地域づくり」のためには、「自分たちの地域は自分たちで守る」、「自分たちの地域のことは自分たちで決める」という内発性をもった地域社会、すなわち〈自立した共同体〉を育成することが重要で、そのためには「参加」と「学習」によるワークショップ機能を持った「仕掛け」が必要であることを述べた。地域資源（農業水利施設も含まれる）の管理に関する地域社会の機能等価物の再構築に関しても、その議論と重なる部分が多い。

「生活世界／システム」の概念自体は、もともと社会哲学者のユルゲン・ハーバーマスにより提示されたものなのだが[16]、ここでは（第三章と同様に）この概念を用いて現代社会（ポストモダン）の特徴とその問題点及び実践的指針を述べている社会学者の宮台真司の議論[17]に基づいて、考察を進めていくこととする。

宮台は、〈生活世界〉を「善意&内発性が支配する領域で、記名的、入替不能、低流動的である」としたのに対し、〈システム〉を「役割&マニュアルが支配する領域で、匿名的、入替可能、過剰流動的である」とした[18]。

〈生活世界〉/〈システム〉の概念を、生源寺の「水田農業の二層構造」に当てはめると、「上層」は〈システム〉に、「基層」は〈生活世界〉ということになる。そこで、この概念を用いて、第二部(水田農業編)冒頭の座談会の担い手農家の発言内容を言いかえれば、座談会において担い手農家は、「〈生活世界〉による支えがなければ、〈システム〉は回らない」と訴えていたこととなる。農業水路法面の草刈りや泥さらいなど、農業水路の維持管理にかける労力が限りなく軽減される施設、いわばメンテナンス・フリーの施設にでもならないかぎり、これまで基層=〈生活世界〉が果たしてきたのと同等の機能を持つ仕組み(〈生活世界〉の機能的等価物)を構築することが必要となるのである。

しかし、「ゲマインシャフト/ゲゼルシャフト」をも想起させる単純な二区分である〈生活世界〉/〈システム〉という概念を、前者が「基層」で後者が「上層」であると当てはめるだけでは、それほどこの概念を用いて説明する意味はない。むしろこの概念を用いることにより、ポストモダンと言われる現代社会の特徴を明確にし、そこで生じている問題を解決する方策の一環として、「水田農業と地域社会」の問題と解決方法を理解するためにこそ意味があるといえよう。

宮台は〈生活世界〉/〈システム〉の概念を用いて、モダンとポストモダンを次のように特徴づけている[19]。モダン(近代過渡期)では、「〈生活世界〉を営む我々共同体が、我々共同体のために〈システム〉を利用する」と意識されているのに対し、ポストモダン（近代成熟期）では、「〈生活世界〉の空洞化ゆえに孤立した個人は、もはや〈システム〉の入替可能な部品に過ぎない」と意識されていると。

宮台は、このような「〈システム〉の全域化＝〈生活世界〉の空洞化」が、日本では〈二段階の郊外化〉を経て実現したとした。[20] まず六〇年代の〈第一次郊外化＝団地化〉が「地域の空洞化」と、それを埋め合わせるために「家族への内閉化」をもたらし、続く八〇年代の〈第二次郊外化＝ニュータウン化〉（コンビニ＆ファミレス化）が「家族の空洞化」と、それを埋め合わせるために「市場化行政化」をもたらした。そして〈生活世界〉が空洞化すると、グローバル化（資本移動自由化）のなかで、個人はむき出しで〈システム〉に向き合わなければならなくなり、〈不安化〉&〈不信化〉が広がり、それら感情管理の問題に〈システム〉が直接応えるようになったという。[21] こういった現代社会が抱える問題状況への処方箋として、〈生活世界〉の機能的等価物を再構築することが必要となるのである。そのとき、もはや〈システム〉が全域化し、つまり「市場化行政化」が徹底し、〈生活世界〉が空洞化した状況では、〈システム〉の一部として、〈システム〉により、〈生活世界〉を再構築せざるをえないというのである。

(2) 内発性を引き出す計画づくり

この議論を踏まえると、「水田農業の二層構造」のうちの「基層」である〈生活世界〉は、〈システム〉の一部として、〈システム〉により再構築せざるを得ないのである。

そういう観点から見れば、二〇〇七年度から開始された農地・水・環境保全向上対策（現在の多面的機能支払交付金）は、まさに〈生活世界〉（基層＝地域社会）の機能的等価物（多様な主体による資源管理）を、

〈システム〉（行政）により再構築するための政策と捉えることができる。

このように多面的機能支払交付金制度は、地域社会の機能的等価物の再構築を目的として創設された制度と位置づけることができるのだが、一定の活動に対して交付金が支給されるというだけでは、その目的を必ずしも達成できるわけではない。やはり「自分たちの地域の資源は自分たちで管理する」という地域の内発性を引き出すための「仕掛け」が必要となる。つまり、多面的機能支払交付金制度を、政府による地域社会への単なる再分配に終わらせるのではなく、地域社会において、その機能的等価物を再構築するための動機づけになるような「仕掛け」が必要なのである。

ただ幸いなことに、多面的機能支払交付金は、個人に支給されるのではなく、活動組織の共同活動に対して支給される仕組みになっており、共同活動を促す制度設計にそもそもなっている。さらに、農地・水・環境保全向上対策として現在の多面的機能支払交付金制度が創設されたとき、活動組織が活動計画を作成する場面で、住民等が参加するワークショップを実施して計画づくりを行い、そこでエンパワメントされた住民等が自分たちで策定した活動計画に則って環境保全活動などを行うことが想定されていた。

農地・水・環境保全向上対策を実際に運用し始める際には、自治体職員や土地改良区役員や職員等を対象とした活動計画づくりのファシリテーター養成研修を実施しており、筆者も研修講師の一人として全国行脚したし、活動計画をワークショップにより作成する具体的な方法も提案した。(22) 制度が設計された当時の理念や、制度の本来の目的が、どこまで全国の自治体や土地改良区などに浸透しているのか些か不安なところではあるが、日本型直接支払制度の一つである多面的機能支払交付金制度は、そもそも地域社会（あるいはそれに代わるもの）の内発性を引き出す「仕掛け」をあらかじめ組み込んだ制度設計であったことを、ここで改めて確認しておきたい。

第三章でも紹介したように、宮台は、〈自立した共同体〉を育成する社会構造の一つとして、「熟議→住民投票」を提案している。[23] 津波被災地では、第一部（減災空間編）の舞台となった吉浜のように、関係者による投票まで行ったケースもある。しかし吉浜住民も「今後、吉浜で何かを決めるときは投票で決めることにしたというわけではない」と言っていたように、「堤防の高さ」のような投票で決めるのに適したテーマもある一方で、「どのようにしたら地域の資源が良好に管理できるか」などのテーマは、投票して決めるような事柄とはいえない。やはり地域で決める事柄の中では、投票により決めるようなことは特殊なケースである。むしろ、ここでは改めて「住民参加型の計画づくり」こそが、地域の内発性を引き出す有力な「仕掛け」の一つであることを再確認しておく。「住民参加型の計画づくり」の「関心→参加→発見→理解→創出」（第三章図3-1参照）というプロセスにより、「自分たちの地域のことは自分たちで決める」という内発性が引き出されるのである。つまり「計画づくり→内発性」である。これが「自分たちの地域は自分たちで守る」（本書第一部のテーマ）、「自分たちの地域の資源は自分たちで管理する」（第二部のテーマ）という〈心の習慣〉[24]を身につけることにつながるのである。

(3) ボトムアップかトップダウンか

筆者が長年携わってきた農村計画学において、計画づくりは「住民によるボトムアップか、行政によるトップダウンか」が大きなテーマであった。もちろん、どちらが妥当であるかは策定される計画の種類にもよるのだが、どちらかといえば（できるものなら）ボトムアップが理想とされてきた。しかし、本書でここまで援用してきた社会学の考え方、すなわち〈生活世界〉の維持や再構築は、〈システム〉が全域化し、市場化行政化した現代社会では、〈システム〉によらざるをえないという考え方を踏まえると、別の言い方をすれば、「自分たちの地域のことは自分たちで決める」という内発性を引き出すための「仕掛け」（社会構造の挿入）が必要であるという議論を踏まえると、「地域社会の内発性を引き出すためにはボトムアップの計画づくりを行う必要があるが、そのための「仕掛け」はトップダウンで行わざるをえない」ということになるだろう。

（1）生源寺眞一『農業と人間―食と農の未来を考える』岩波現代全書、二〇一三年、一六三～一七一ページ。
（2）社会学では、同じような機能を持つ仕組み（構造）がいろいろとありうることを「機能的等価」という。この概念は、マートン（金沢実訳「顕在的機能と潜在的機能―社会学における機能分析の系統的整理のために―」、森東吾・森好夫・金沢実・中島龍太郎共訳『社会理論と社会構造』みすず書房、一九六一年、一六～七七ページ）が機能分析の精緻化をはかっていく上で打ち出した概念である。
（3）満田久義『村落社会大系論』ミネルヴァ書房、一九八七年、一六一ページ。
（4）同右、一六一～一九一ページ。満田は、高度経済以降の経済成長による、都市社会からのインパクト（外部浸透）によって村落社会が問題解決の組織として有効に機能しえなくなったことを、「外部浸透による地域自律性の喪失」ととらえている。
（5）福与徳文『地域社会の機能と再生―農村社会計画論』日本経済評論社、二〇一一年、一六七～一九二ページ。
（6）農林水産省「農村社会の変化や農政の新たな展開における農業農村整備の課題」農林水産省ホームページ、www.maff.go.jp/nousin/bukai/h25_houkoku/pdf/sankou1_1（二〇一九年十月一日参照）。
（7）農林水産省「多面的機能支払交付金のあらまし」農林水産省ホームページ、www.maff.go.jp/nousin/kanri/tamen_siharai（二〇一九年十月一日参照）。

(8) フェルディナンド・テンニエス、杉之原寿一訳『ゲマインシャフトとゲゼルシャフト』上・下、岩波文庫、一九五七年。
(9) 大澤真幸『社会学史』講談社現代新書、二〇一九年、四〇三~四〇七ページ。
(10) 富永健一『思想としての社会学―産業主義から社会システム理論まで』新曜社、二〇〇八年、四九三~六〇二ページ。
(11) タルコット・パーソンズ、佐藤勉訳『社会体系論』青木書店、一九七四年、七八~一二二ページ。
(12) 見田宗介『社会学入門―人間と社会の未来』岩波新書、二〇〇六年、一六~二〇ページ。
(13) 大澤前掲、四〇四ページ。
(14) 見田前掲、一六八~二〇一ページ。
(15) 同右、一九四ページ。
(16) ユルゲン・ハーバーマス、河上倫逸・藤沢賢一郎・丸山高司ほか訳『コミュニケイション的行為の理論』上・中・下、未来社、一九八五~一九八七年。
(17) 宮台真司『私たちはどこから来て、どこへ行くのか』幻冬舎、二〇一四年、二八二~三八三ページ。
(18) 同右、三三〇~三三一ページ。
(19) 同右、三三一ページ。
(20) 同右、三三二~三三三ページ。
(21) 同右、三三八~三三九ページ。
(22) 全国農村振興技術連盟「農村振興リーダー研修」のことである。活動計画作成のためのワークショップの方法については、福与徳文・筒井義富「多様な主体による資源管理計画の作成方法」『農業農村工学会誌』七五巻八号、二〇〇七年、七〇七~七一〇ページを参照されたい。
(23) 宮台前掲、三五二~三六五ページ。
(24) 宮台前掲、三二五ページ。

あとがき

二〇一九年十月、台風一九号が日本列島を襲い、千曲川や阿武隈川など、全国各地で多くの河川が氾濫し、たくさんの尊い命が失われてしまった。筆者が勤務する茨城大学の水戸キャンパスの近くでも那珂川の堤防が決壊し、広範囲が浸水した。東日本大震災後、近年だけでも熊本地震（二〇一六年四月）、九州北部豪雨（二〇一七年七月）、西日本豪雨（二〇一八年六月～七月）、北海道胆振東部地震（二〇一八年九月）と、大きな自然災害が、毎年のように日本列島を襲っている。もはや、いつなんどき、どこにいても、災害に遭遇することを我々は覚悟しなければならない。

本書は、東日本大震災の津波被災地において、「津波減災空間の創出」、「水田農業の復興」に関する復興計画づくりを技術的に支援して得た知見を書き記したものである。本書には、津波以外の自然災害に対しても、応用できる知見が少なからずあるのではないかと考えている。

「自分たちの地域は自分たちで守る」、「自分たちの地域のことは自分たちで決める」といった地域社会（あるいはその機能的等価物）の内発性は、地域に居住する生活者にとって自分の命を守るための大切な資産となる。しかし現代社会においては、放っておいても地域社会が機能するという状況では最早なくなっている。地域の内発性を引き出すためには、「参加」、「学習」といったプロセスを含んだ「計画づくり」という「仕掛け」が多くの場合必要となる。そして参加学習型の計画づくりの中で重要な位置を占める「学習」において、ビジュアライズ技術が非常に有効であることが確かめられた。そしてビジュアライズさせる科学的知見については、様々な専門家（文系・理系問わず）の参画と活躍が期待されているのである。

本書を執筆するにあたり、多くの方々のお世話になった。とりわけ山本徳司氏（元農研機構理事）と毛利栄征氏（当時農研機構、現茨城大学）には被災地で計画づくりを行う上で様々な助言をいただいた。山本氏の役割を、本書の中では景観シミュレーションのスペシャリストとして位置づけているが、被災地の現場では、地域づくりの先輩として、コーディネータの役割を担った筆者を大いに励ましてもらうとともに、多くのアドバイスをいただいた。また農業土木施設工学のスペシャリストで、施設整備（ハード面）に関して幅広い知見をお持ちの毛利氏と一緒に被災地に赴くことができ、大変心強かった。このお二人なしでは、筆者は津波被災地において何もできなかったと言っても過言ではない。

本書では、復興計画づくりにおいて被災住民に寄り添っていくため、被災地のニーズに合わせて様々な専門家とチームを組んだ。丹治肇氏（元農研機構）には「用・排水計画」を、重岡徹氏（農研機構）には「地理情報システムによるビジュアライズ」を、桐博英氏（当時農研機構、現農林水産省）には「津波浸水シミュレーション」を、唐崎卓也氏（農研機構）には「ワークショップのファシリテータ」を、八木洋憲氏（東京大学）には「経営シミュレーション」を、幸田和也氏（当時茨城大学大学院、現農研機構）には「農地集積の実態調査」を担っていただいた。本書は、これらの方々との共同研究の成果である。近年では「文理融合」と言ったりするが、東日本大震災の被災地の課題を目の前にしては、文系・理系を問わないチームづくりは、ごく自然な成り行きだった。

そして本書で用いたワークショップ手法の中で鍵を握る技術が、ビジュアライズ技術である。その基盤となったＧＩＳエンジンＶＩＭＳを農研機構と共同開発した㈱イマジックデザインの進藤圭二氏、友松貴志氏には大変お世話になった。七ヶ浜町における懇談会（ワークショップ）においてＶＩＭＳを用いてビジュアライズする場面で技術的にサポートいただいたし、そもそも大船渡市吉浜において用いた景観シミュレーションのＣＧをボランティアで作成いただいた。

また地下水位制御システムＦＯＥＡＳの事例調査では、ＦＯＥＡＳの開発者の一人である藤森新作氏（元農研機構）から、力強い経営体を創っていくための基盤整備技術の大切さを教えていただいた。とくに藤森氏の現場を大切にする姿勢からは大いに学ばせていただいた。

そして何よりも、岩手県大船渡市の「吉浜農地復興委員会」の方々や、宮城県七ヶ浜町の「明日の七ヶ浜農業を考える会」の方々をはじめとした津波被災地の住民の皆さまの復興への熱意と努力には、ほんとうに頭が下がる思いがした。そして被災住民の思いや考えを大切にし、粘り強く業務を進めてこられた岩手県や宮城県など、自治体の職員の方々に敬意を表すとともに、大いなる感謝を申し上げたい。

本書の第一章、第二章、第四章、補論2は、筆者が農研機構に在籍していたときの成果である。第四章は農林水産省委託プロジェクト「食料生産地域再生のための先端技術展開事業」、補論2は農研機構交付金プロジェクト「高機能型低平地水田と地域用排水施設の一体的整備・運用技術の開発」の成果である。そして第五章は、筆者が茨城大学にて科研費基盤（Ｂ）「津波被災地におけるビジュアライズ技術を活用した農地集積の合意形成に関する研究（課題番号15H04559）」（研究代表、筆者）により行った研究の成果である。大学に異動してからの成果である第五章では、指導した学生の修士論文や卒業論文の成果も活用させていただいた。

そのほか本書の執筆にあたっては、ここにお名前を挙げきれない多くの方々のお世話になった。記してお礼申し上げる。

最後に、日本経済評論社の清達二氏には、前著『地域社会の機能と再生―農村社会計画論』に引き続き、本書の完成に導いていただいた。この場をかりてお礼申し上げる。

本書の上梓によって、災害に強い地域づくりに少しでも貢献でき、皆様から受けたご恩に報いることが出来れば幸いである。

なお本書は、令和二年度科学研究費助成事業（研究成果公開促進費）の助成を得て出版された。

二〇二〇年四月

福与徳文

初出一覧

第一章
○福与徳文・山本徳司「減災農地と地域復興計画支援―岩手県大船渡市吉浜地区における復興支援事例から」『農業および園芸』八七巻一号、二〇一二年、二〇一～二〇九ページ。
○福与徳文・山本徳司・桐博英「津波減災空間創出のための合意形成支援技術」『農業農村工学会誌』八〇巻七号、二〇一二年、五六一～五六五ページ。

第二章
○福与徳文・山本徳司・毛利栄征「海岸堤防の高さに関わる合意形成の新たなかたち」『農業農村工学会誌』八二巻三号、二〇一四年、二〇五～二一〇ページ。

第四章
○福与徳文・山本徳司・丹治肇・重岡徹・唐崎卓也「地盤沈下地域における農地・農業水利施設の復興にむけて―宮城県七ヶ浜町における農業者参加による農業復興構想づくりから―」『農村計画学会誌』三一巻四号、二〇一三年、五七六～五八〇ページ。
○福与徳文「地盤沈下と農地集積―農地・農業用施設の津波被害と復興にむけた課題」、東日本大震災合同調査報告書編集委員会編『東日本大震災合同調査報告』建築編9（社会システム／集落計画）、丸善出版、二〇一七年、二五三～二五九ページ。

第五章
○幸田和也・福与徳文・重岡徹・八木洋憲「津波被災地における急速な農地集積の進展と課題―宮城県七ヶ浜町の事例から―」『農業経済研究』九一巻二号、二〇一九年、二六九～二七四ページ。

○八木洋憲・福与徳文・幸田和也・重岡徹「津波被災地域における地域農業の展望─宮城県S町の大区画基盤整備後における複数主体の農地利用最適化を通じて─」『農業経済研究』九一巻二号、二〇一九年、三一七〜三二二ページ。

補論2

○福与徳文・藤森新作「大規模法人経営を支える地下水位制御システムFOEAS」『農業農村工学会誌』八一巻一号、二〇一三年、一五〜一八ページ。

第三章、第六章、補論1は書き下ろしである。第一章は山本徳司氏、桐博英氏、第二章は山本徳司氏、毛利栄征氏、第四章は山本徳司氏、丹治肇氏、重岡徹氏、唐崎卓也氏、第五章は幸田和也氏、八木洋憲氏、重岡徹氏、補論2は藤森新作氏との共同研究によるものである。この場を借りてお礼申し上げる。なお本書を執筆するにあたり、各論文を再構成し、大なり小なりの加筆・修正を行っている。

索引

［あ行］

［か行］

［さ行］

［た行］

［な行］

［は行］

［ま行］

［や行］

［ら行］

［わ］

著者紹介

福《ふく》与《よ》徳《なる》文《ふみ》

茨城大学農学部教授。1960 年長野県生まれ。東京大学文学部卒。1986 年農林水産省農業研究センター、1996 年北海道農業試験場、2001 年農業工学研究所、2014 年茨城大学農学部を経て、現在に至る。京都大学博士（農学）。主著に『地域社会の機能と再生—農村社会計画論』日本経済評論社、2011 年ほか。

災害に強い地域づくり

地域社会の内発性と計画

2020 年 7 月 15 日　第 1 刷発行

定価（本体 3200 円＋税）

著　者　福　与　徳　文

発行者　柿　﨑　均

発行所　株式会社 日本経済評論社

〒101-0062 東京都千代田区神田駿河台 1-7-7

電話 03-5577-7286　FAX 03-5577-2803

E-mail: info8188@nikkeihyo.co.jp

振替 00130-3-157198

装丁＊渡辺美知子　　中央印刷／根本製本

落丁本・乱丁本はお取替えいたします　Printed in Japan

ISBN 978-4-8188-2564-2　C 1036